国家级 骨干高职院校建设 规划教材

制药工艺设计基础

■ 马丽锋　主　编
■ 于文国　副主编
■ 李丽娟　主　审

**ZHIYAO GONGYI
SHEJI JICHU**

化学工业出版社

·北　京·

本教材重点培养学生进行工艺革新和工艺改良的实际设计能力，以完整、独立的工作过程为基本单元，注重工艺革新与改进、工艺过程的分析、工艺条件的优化、工艺流程的设计、物料与能量衡算、设备工艺设计与选型、车间布置设计与管道布置设计等。选取"年产1000吨对乙酰氨基酚原料药工艺设计"作为教学项目，以学生为主体，理论联系实际，在学习的同时完成相应的设计任务，实施"教学做"一体的教学模式，提高教学效果。

本教材可供高职高专制药技术类专业使用，也可供与之相关专业及有关生产、技术、管理人员参考。

图书在版编目（CIP）数据

制药工艺设计基础/马丽锋主编. —北京：化学工业出版社，2013.7（2023.9重印）
国家级骨干高职院校建设规划教材
ISBN 978-7-122-17675-2

Ⅰ.①制…　Ⅱ.①马…　Ⅲ.①制药工业-工艺设计-教材　Ⅳ.①TQ460.6

中国版本图书馆 CIP 数据核字（2013）第 134159 号

责任编辑：于　卉　　　　　　　　　　文字编辑：焦欣渝
责任校对：吴　静　　　　　　　　　　装帧设计：尹琳琳

出版发行：化学工业出版社（北京市东城区青年湖南街 13 号　邮政编码 100011）
印　　装：北京建宏印刷有限公司
787mm×1092mm　1/16　印张 11　字数 281 千字　2023 年 9 月北京第 1 版第 8 次印刷

购书咨询：010-64518888　　　　　　　售后服务：010-64518899
网　　址：http://www.cip.com.cn
凡购买本书，如有缺损质量问题，本社销售中心负责调换。

定　　价：27.00 元

序

　　配合国家骨干高职院校建设，推进教育教学改革，重构教学内容，改进教学方法，在多年课程改革的基础上，河北化工医药职业技术学院组织教师和行业技术人员共同编写了与之配套的校本教材，经过3年的试用与修改，在化学工业出版社的支持下，终于正式编印出版发行，在此，对参与本套教材的编审人员、化学工业出版社及提供帮助的企业表示衷心感谢。

　　教材是学生学习的一扇窗口，也是教师教学的工具之一。好的教材能够提纲挈领，举一反三，授人以渔，而差的教材则洋洋洒洒，照搬照抄，不知所云。囿于现阶段教材仍然是教师教学和学生学习不可或缺的载体，教材的优劣对教与学的质量都具有重要影响。

　　基于上述认识，本套教材尝试打破学科体系，在内容取舍上摒弃求全、求系统的传统，在结构序化上，从分析典型工作任务入手，由易到难创设学习情境，寓知识、能力、情感培养于学生的学习过程中，并注重学生职业能力的生成而非知识的堆砌，力求为教学组织与实施提供一种可以借鉴的模式。

　　本套教材涉及生化制药技术、精细化学品生产技术、化工设备与机械和工业分析与检验4个专业群共24门课程。其中22门专业核心课程配套教材基于工作过程系统化或CDIO教学模式编写，2门专业基础课程亦从编排模式上做了较大改进，以实验现象或问题引入，力图抓住学生学习兴趣。

　　教材编写对编者是一种考验。限于专业的类型、课程的性质、教学条件以及编者的经验与能力，本套教材不妥之处在所难免，欢迎各位专家、同仁提出宝贵意见。

河北化工医药职业技术学院　院长　柴锡庆

2013 年 4 月

前言

F O R E W O R D

　　教材作为传播知识的一种载体，必须结合学生的特点及人才培养目标要求。本教材为了适应高等职业制药技术类专业教学，紧紧围绕制药技术类专业人才培养目标，从制药技术类专业所面向的技术领域与职业岗位出发，分析工艺人员所需完成的典型工作任务，以任务完成所应具备的工艺革新能力为主线，结合学生的认知规律，设计教材内容体系及具体内容。

　　高职制药技术类专业学生面对的主体就业岗位是生产操作岗位，优化生产需要改进生产工艺，掌握一定的工艺方案选择、工艺流程设计、小试工艺条件优化、中试放大工艺条件优化、物料与能量衡算、设备设计与选型、车间布置设计、管路布置设计等工艺设计知识与技能非常必要。基于这种要求，本教材共有九章内容，第一章对教材总体内容进行概述，第二章至第八章分别介绍工艺革新各单项能力所需的知识与技能。最后还设计了一个综合教学项目，目的在于综合培养工艺人员的工艺革新能力。各章内容在编写过程中遵循"理论适度，实用为主"的原则，做到了理论联系实际，内容深入浅出，便于教学与学生学习。

　　本书每章均安排了一个"自主设计项目"，实施项目化教学。通过逐一完成这九个"自主项目设计"最终完成本课程的综合教学项目："年产 1000 吨对乙酰氨基酚原料药工艺设计"。教学过程中理论教学与设计任务同步交叉进行，引导学生结合课程内容，积极开展自主学习，通过课外查阅资料、讨论辨析、动手绘图完成相应的设计任务，进一步巩固课堂教学效果，促进理论认知向实践能力转化，实现"教学做"同步一体，互促共长。

　　本书第一、二、三、四章、综合教学项目和附录部分由河北化工医药职业技术学院马丽锋编写；第五章和第七章由河北化工医药职业技术学院于文国编写；第八章和第九章由河北化工医药职业技术学院杜会茹编写；第六章由于文国和杜会茹共同编写。全书由马丽锋统稿，李丽娟主审。

　　限于编者水平，书中难免存在不当和疏漏之处，恳请广大读者在使用中提出宝贵意见，以便今后进一步修改完善教材。

编　者

2013 年 02 月

目录

CONTENTS

第三章 小试优化生产工艺条件 /31

第四章 中试放大优化工艺条件 /40

第五章 工艺流程设计 /46

第六章　物料与能量衡算　/65

第七章　设备工艺设计与选型　/84

第八章　车间布置设计　/104

第九章　管道布置设计　/129

综合教学项目 年产 1000 吨对乙酰氨基酚原料药工艺设计 /142

附表 /143

附录 对乙酰氨基酚生产工艺 /149

制药工艺设计任务书 /159

制药工艺设计说明书 /162

参考文献 /164

第一章 制药工艺设计概述

第一节 概　　述

一、制药工艺设计

制药工艺设计是一门以制药、药学、GMP 和工程学为基础的应用性工程学科。它是一门综合性很强的系统工程和技术学科。

制药工艺设计是使实验室产品向工业产品转化的必经阶段。将小试经中试的药物生产工艺经一系列单元反应和相应的单元操作进行组织，设计出生产流程具有合理性、技术装备具有先进性、设计参数具有可靠性、工程经济具有可行性的一个成套工程装置或一个制药生产车间，然后在适当的地区建造厂房，布置各类生产设备，配套一些其他公用工程，最终使这个工厂按照预定的设计期望顺利地开车投产，这一过程即是制药工艺设计的全过程。制药工艺设计的优劣直接影响产品的质量、生产效率和生产成本。

二、制药工艺设计的研究对象

制药工艺设计的研究对象是制药工艺，即制药工艺是由实验室小试经中试放大进而工业化的全过程，这一过程也包括制药设备、车间、管路等。

工艺是劳动者利用生产工具对各种原材料、半成品进行增值加工或处理，最终使之成为制成品的方法与过程。一般来说，工艺要求采用合理的手段、较低的成本完成产品制作，同时必须达到设计规定的性能和质量，其中成本包括施工时间、施工人员数量、工装设备投入、质量损失等多个方面。

所谓制药工艺就是选择切实可靠的生产技术路线，实现原料→半成品→药品（药物中间体）的加工过程。一个典型的原料药制药工艺过程一般由六个阶段所组成，如下所示：

制药工艺是药物生产的核心部分，也是药物成型化的关键生产过程，属现代医药发展的重要技术领域之一。制药工艺是研究药物的合成路线、合成原理、工业生产过程及实现其最优化的一般途径和方法；是药物开发和生产过程中，设计和研究经济、安全、高效的化学合成工艺路线、工艺原理和工业生产过程，制定生产工艺规程，实现制药生产过程最优化的方法。

第二节　本课程的特点、内容和教学设计

一、制药工艺设计基础课程的主要特点

本课程是制药技术专业的一门综合性较强的专业课程，对学生们毕业环节的毕业设计起着很重要的支撑作用，同时也为学生们走上制药一线从事工艺优化与革新、技术开发和改

造、技术管理、生产操作等工作奠定良好基础。在授课过程中应以学生为主体，注重理论与实际的紧密结合，采用"教学做一体化"的教学模式，选取"年产1000吨对乙酰氨基酚原料药工艺设计"作为教学项目，老师在做中教，学生在做中学，理论教学与设计任务同步交叉进行，提高学生的设计能力、绘图能力及对实践中隐性知识的掌握程度。使学生们能运用制药工艺设计基础的知识，解决制药工艺方面的实际问题，理论与实践相结合。

二、制药工艺设计基础课程的主要内容

制药工艺设计的内容既包括将新产品的实验室小试转变为中试直至工业化规模生产，也包括现有生产工艺进行的技术革新与改造。因此，大到建设一个完整的现代化制药基地，小到改造药厂的一个具体工艺，都是制药工艺设计的工作范围。所以，制药工艺设计要紧密与实验室科学研究结合起来，要紧密与竞争激烈并不断发展的医药市场结合起来。

本课程主要学习制药工艺路线的选择、工艺方案的选择、工艺条件的确定与优化、中试放大、工艺流程设计、物料与能量衡算、设备选型、车间布置、管路布置等相关知识与技能，使学生具备一定的工艺优化与革新能力、技术开发和改造能力。

三、制药工艺设计基础课程项目化教学设计

制药工艺设计基础课程从所面向的技术领域与职业岗位出发，本课程归纳行动领域并向学习领域转化，可选取"年产1000吨对乙酰氨基酚原料药工艺设计"作为教学项目，每一个学习任务都是一个完整的工作过程，学生通过逐个完成任务来实现相关知识与技能的学习。

本课程选取"年产1000吨对乙酰氨基酚原料药工艺设计"作为教学项目实施项目化教学的整体设计（如表1-1）。

表1-1　制药工艺设计基础课程项目化教学整体设计

典型工作任务	教学项目	学习情境
工艺方案选择	项目:年产1000吨对乙酰氨基酚原料药工艺设计	1.1 根据老师下达的设计任务书进行对乙酰氨基酚工艺方案的选择
小试工艺条件优化		1.2 小试优化对乙酰氨基酚工艺条件
中试放大工艺条件优化		1.3 中试放大进一步优化对乙酰氨基酚生产工艺条件
工艺流程设计		1.4 年产1000吨对乙酰氨基酚原料药生产工艺流程设计
		1.5 到企业进行对乙酰氨基酚生产车间参观学习
物料与能量衡算		1.6 年产1000吨对乙酰氨基酚原料药物料衡算和能量衡算
设备设计与选型		1.7 年产1000吨对乙酰氨基酚原料药主要设备设计与选型
车间布置设计		1.8 年产1000吨对乙酰氨基酚原料药车间布置设计
管路布置设计		1.9 年产1000吨对乙酰氨基酚原料药管路布置设计
编制设计说明书		1.10 年产1000吨对乙酰氨基酚原料药设计说明书的编写

思考题

1. "制药工艺设计基础"课程的研究对象是什么？
2. "制药工艺设计基础"课程有哪些主要内容？
3. 结合"制药工艺设计基础"课程的特点与内容，谈谈你今后打算如何学习该课程。

自主设计项目

查阅解热镇痛药——对乙酰氨基酚的相关资料，熟悉其结构、相关理化性质、用途及生产情况。

第二章　工艺方案的选择

1. 熟悉工艺路线的常见设计方法。
2. 掌握工艺路线选择依据。
3. 掌握工艺方案中的各种影响因素，如：配料比、加料方式、温度、时间、加料次序、反应温度、溶剂、催化剂、反应终点控制、搅拌状况、pH值等。

1. 会查阅文献，搜集、整理、总结资料。
2. 能合理设计并选择工艺路线。
3. 能改进、优化工艺条件并制定工艺方案，如：能选择合适的配料比、加料方式；会判定反应终点；会控制温度、时间；能选择合适的溶剂与催化剂；能进行药品后处理提纯等。

第一节　工艺路线的设计

一、工艺路线

在多数情况下，一个化学合成药物往往有多种合成途径，通常将具有工业生产价值的合成途径称为该药物的工艺路线。进行合成药物的工业生产时，首先是工艺路线的设计和选择，以确定一条最经济、最有效的生产工艺路线。

在设计药物的合成路线时，首先应从剖析药物的化学结构入手，然后根据其结构特点，采取相应的设计方法。药物剖析的方法：①对药物的化学结构进行整体及部位剖析时，应首先分清主环与侧链、基本骨架与功能基团，进而弄清功能基以何种方式和位置同主环或基本骨架连接；②研究分子中各部分的结合情况，找出易拆键部位，键易拆的部位也就是设计合成路线时的连接点以及与杂原子或极性功能基的连接部位；③考虑基本骨架的组合方式，形成方法；④功能基的引入、变换、消除与保护；⑤手性药物，需考虑手性拆分或不对称合成等。

药物合成工艺路线设计从使用的原料来分，有机合成可分为全合成和半合成两类。半合成：由具有一定基本结构的天然产物经化学结构改造和物理处理过程制得复杂化合物的过程。全合成：以化学结构简单的化工产品为起始原料，经过一系列化学反应和物理处理过程制得复杂化合物的过程。

合成路线的设计策略也分为两类：一类是由原料而定的合成策略，即在由天然产物出发进行半合成或合成某些化合物的衍生物时，通常根据原料来制定合成路线；另一类是由产物而定的合成策略，以目标分子作为设计工作的出发点，通过逆向变换，直到找到合适的原料、试剂以及反应为止，是合成中最为常见的策略。

工艺路线设计的一般程序为：①必须先对类似的化合物进行国内外文献资料的调查和研究工作；②优选一条或若干条技术先进、操作条件切实可行、设备条件容易解决、原辅材料有可靠来源的技术路线；③写出文献总结和生产研究方案（包括多条技术路线的对比试验）

二、工艺路线设计方法

工艺路线常见的设计方法有追溯求源法、分子对称法、类型反应法、模拟类推法、文献归纳法等。

（一）追溯求源法

追溯求源法就是从靶分子的化学结构出发，将合成过程一步一步地向前推导进行追溯寻源，直到最后是可得到的化工原料、中间体或其他易得的天然化合物为止。

适用对象：分子中具有 C—N、C—S、C—O 等碳—杂原子键的化合物。这些碳—杂原子键的部位乃是该分子的拆键部位，亦即合成时的连接部位。

分子结构以反合成的方向进行变化叫作转化，而以合成方向进行变化则是合成反应。用双线箭头（⇒）表示转化过程，以示有别于用单线箭头标明的合成反应方向（→）。

在应用倒推法设计工艺路线时，若出现 2 个或 2 个以上连接部位的形成顺序，即各接合点的单元反应顺序可以有不同的安排顺序时，不仅要从理论上合理安排，而且必要时还须通过实验研究加以比较选定。

例如：非甾体抗炎药双氯芬酸的 C—N 拆键部位，共有 a、b 两种拆键方法：

按 a 线考虑，推导为：

按 b 线考虑，推导为：

二者比较，a 线中由于 1,2,3-三氯甲苯上的氯原子都可参与反应，易产生大量副产物；而 b 线则由价廉易得的 2,6-二氯苯胺与邻氯苯乙酸反应，乙酸基有利于氯原子发生反应，因此，常采用 b 线拆键合成双氯芬酸。

在化合物合成路线设计的过程中，除了上述的各种构建骨架的问题之外，还涉及官能团的引入、转换和消除，官能团的保护与去保护等；若系手性药物，还必须考虑手性中心的构建方法和在整个工艺路线中的位置等问题。

例如：促凝血药氨甲环酸，氨甲环酸的骨架具有环己烷的结构，按照官能团转化的方法，可由环己烯类经还原得到。环己烯类化合物可由环己醇转化而来，也可以由丁二烯与乙烯通过 Diels-Alder 反应得到。氨甲环酸的合成设计可由氯代丁二烯与丙烯酸酯，经 Diels-Alder 反应得关键中间体 4-氯-3-环己烯甲酸甲酯，再经氰化和还原等制得氨甲环酸。

氨甲环酸   4-氯-3-环己烯甲酸甲酯

（二）分子对称法

分子对称法：对某些药物或者中间体进行结构剖析时，常发现存在分子对称性，具有分子对称性的化合物往往可由两个相同的分子经化学合成反应制得，或可以在同一步反应中将分子的相同部分同时构建起来。分子对称法也是药物合成工艺路线设计中可采用的方法。

分子对称法的切断部位：沿对称中心、对称轴、对称面切断。

分子对称法——有许多具有分子对称性的药物可用分子中相同两个部分进行合成。

1939 年 Dodds 所创制的女性激素己烯雌酚及其后研究出的类似衍生物己烷雌酚、双烯雌酚都是有对称性的分子，这是最早应用分子对称法进行合成设计的实例。

己烯雌酚   己烷雌酚   双烯雌酚

由 2 分子的对硝基苯丙烷在氢氧化钾存在下，用水合肼进行还原、缩合反应，生成 3,4-双对氨基苯基己烷，后者经重氮化水解便可得到己烷雌酚。

2 分子的 1-对甲氧苯基-1-溴代丙烯，在氯化亚铜的存在下，用金属镁使之缩合生成 3,4-双对甲氧苯基-2,4-己二烯，然后脱去甲基，得到双烯雌酚。

（三）类型反应法

类型反应法指利用常见的典型有机化学反应与合成方法进行的合成设计。主要包括各类有机化合物的通用合成方法、人名反应、功能基的形成和转换。适用对象为有明显类型结构特点以及功能基特点的化合物。

例如对全身性霉菌病具有良好疗效的广谱抗霉菌药物克霉唑分子中的 C—N 键是一个易拆键部位，是可由咪唑的亚氨基与卤烷进行烷基化反应的结合点，因此，首先通过找出易拆键部位而得到两个关键中间体邻氧苯基二苯基氯甲烷和咪唑。可由邻氯苯甲酸乙酯与溴苯进行格氏（Grignard）反应，先制出叔醇，然后再用二氯亚砜氯化得到邻氧苯基二苯基氯甲烷。此法所得的克霉唑质量较好，但这条路线中的格氏反应要求高度无水操作，原料和溶剂质量要求严格，乙醚又易燃易爆，很不安全，加上生产时会受到雨季湿度的影响，限制了生产规模的扩大。

（四）模拟类推法

对化学结构复杂、合成路线设计困难的药物，可模拟类似化合物的合成方法进行合成路线设计。从初步的设想开始，通过文献调研，改进他人尚不完善的概念和方法来进行药物工艺路线设计。

适用对象：化学结构复杂、合成路线设计困难的药物。

注意事项：在应用模拟类推法设计药物合成工艺路线时，还必须与已有方法对比，注意比较类似化学结构、化学活性的差异。

中药黄连中的抗菌有效成分——小檗碱（黄连素）的合成路线是个很好的应用模拟类推法的例子。小檗碱的合成模拟帕马丁和镇痛药四氢帕马丁硫酸盐（延胡索乙素）的合成方法。小檗碱、帕马丁和四氢帕马丁硫酸盐（延胡索乙素）都具有母核二苯并[*a,g*]喹啉，含有稠合的异喹啉环结构。

黄连素　　　　　　　　帕马丁　　　　　　　　延胡索乙素

4*H*-喹啉　　　　　　二苯并[*a,g*]喹啉

以 3,4-二甲氧基苯乙酸为起始原料，采用合成异喹啉环的方法合成，经 Bischler-Napieralski 反应及 Pictet-Spengler 反应先后两次环合而得到小檗碱。合成路线如下：

在 Pictet-Spengler 环合反应前进行溴化，目的是为了提高环合的位置选择性。最后一步氧化反应可采用电解氧化或 HgI 作氧化剂。从合成化学观点考察，这条合成路线是合理而可行的，但由于合成路线较长，收率不高，且使用昂贵的试剂，因而不适宜于工业生产。

1969 年 Muller 等发表了帕马丁的合成法，3,4-二甲氧基苯乙胺与 2,3-二甲氧基苯甲醛进行脱水缩合生成 Schiff 碱，并立即将其双键还原转变成苯乙基苯甲基亚胺的骨架；然后与乙二醛反应，一次引进两个碳原子而合成二苯并[a,g]喹嗪环。按这个合成途径得到的是二氢帕马丁高氯酸盐与帕马丁高氯酸盐的混合物。

参照上述帕马丁的合成方法，设计了从胡椒乙胺与 2,3-二甲氧基苯甲醛出发合成小檗碱的工艺路线，并试验成功，合成路线如下：

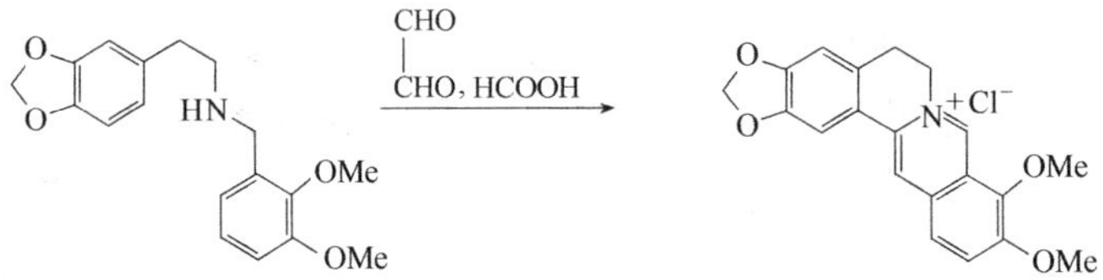

按这条工艺路线制得的产品中不含二氢化衍生物。产物的理化性质与抑菌能力同天然提取的黄连素完全一致，符合药典要求。这条合成路线较前述路线更为简捷，所用原料2,3-二甲氧基苯甲醛是工业生产香料香兰醛的副产物。

（五）文献归纳法

文献归纳法是指在设计合成路线时，对于简单分子或已知结构的衍生物的合成设计，常可通过查阅有关专著、综述或化学文献，找到若干可供模拟的方法。查阅文献时，除对需要合成的化合物本身进行合成方法的查阅外，还应对其各个中间体的制备方法进行查阅，在比较、摸索后选择一条实用的路线。这种方法是经典合成方法的继续，其中对选定合成路线起主导作用的是化学文献介绍的已知方法和理论。

例如嘧啶的通用合成方法之一：以尿素（硫脲、胍和脒）与1,3-二羰基化合物进行环合反应来制备。

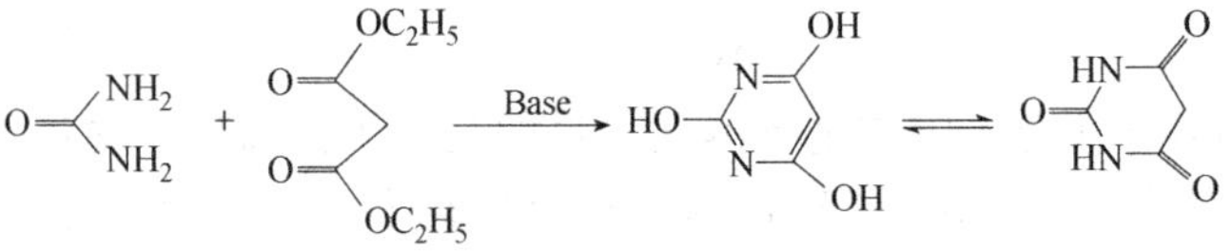

根据以上的方法可以归纳出巴比妥的合成方法，在丙二酸二乙酯的2位引入两个乙基后，再与尿素缩合成环，得到巴比妥。这也是巴比妥类药物的一般合成法。

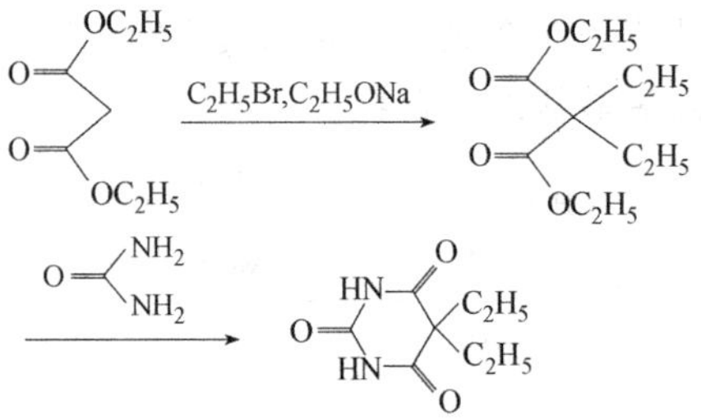

巴比妥

苯巴比妥的合成就是根据上述方法运用归纳法设计出来的。不过由于卤苯的卤素不活泼，如果直接用卤代苯和丙二酸二乙酯反应引入苯基，收率极低，无实际意义。因此，一般以氯苄为起始原料，经氰化、水解、酯化制得苯乙酸乙酯。利用其分子中α-碳原子上的活泼氢，同一个不含α-活泼氢的二元羧酸酯，在醇钠的催化下，经Claisen酯缩合、加热脱羧，制得2-苯基丙二酸二乙酯，再用一般烃化的方法引入乙基，最后与尿素缩合，即得苯巴比妥。

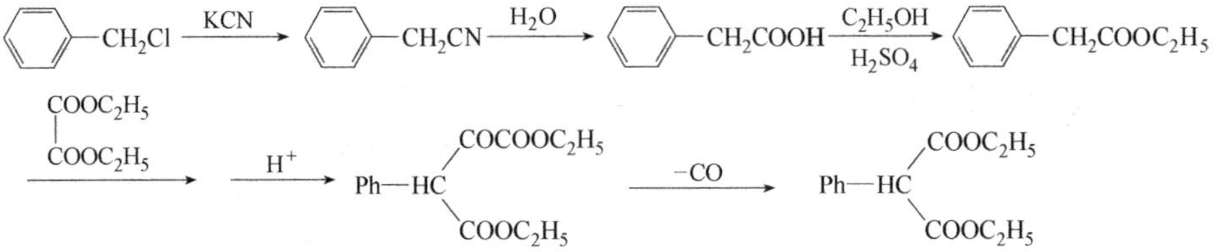

不断地积累文献资料，尽快地对其中有用的信息进行分析、归纳和存储，是正确应用文献归纳法的重要环节。对于较复杂结构的化合物而言，常常不能满足于停留在单纯模仿文献或标准方法上，而希望有所发现，有所创新。通过在实践中认真观察，对某些意外结果进行分析、判断，有时会成功地发现新反应、新试剂，并有效地用于复杂化合物的合成。

在实际工作中，上述各种工艺路线设计方法一般都是互相渗透的，在某一药物工艺路线的设计过程中可能会用这些设计方法中的两种甚至多种设计方法。

第二节 工艺路线的选择依据

一般情况下，通过文献调研可以找到关于一个药物的多条合成路线，它们各有特点。至于哪条路线可以发展成为适于工业生产的工艺路线，则必须通过深入细致的综合比较和论证，才能选择出最为合理的合成路线，并制定出具体的实验室工艺研究方案。

在综合药物合成领域大量实验数据的基础上，归纳总结出评价工艺路线的基本原则，对于工艺路线的评价与选择有一定的指导意义。工艺路线确定依据如下：

① 化学合成途径简洁，即原辅材料转化为药物的路线要简短；
② 所需的原辅材料品种少且易得，并有足够数量的供应；
③ 中间体容易提纯，质量符合要求，最好是多步反应连续操作；
④ 反应在易于控制的条件下进行，如安全、无毒；
⑤ 设备条件要求不苛刻；
⑥ "三废"少且易于治理；
⑦ 操作简便，经分离、纯化容易达到药用标准；
⑧ 收率最佳，成本最低，经济效益最好。

一、原辅材料的选择

原辅材料是药物生产的物质基础，没有稳定的原辅料供应就不能组织正常的生产。选择工艺路线应根据本国本地区的化工原料品种来设计。选择工艺路线，首先应考虑每一合成路线所用的各种原辅材料的来源、供应情况以及是否有毒、易燃、易爆、价廉易得等。

有些原辅材料一时得不到供应，则需要考虑自行生产的问题；同时要考虑原辅材料的质量规格以及运输等。对于准备选用的那些合成路线，应根据已找到的操作方法，列出各种原料的名称、规格、单价，算出单耗，进而计算出所需要各种原辅材料的成本和原辅材料的总成本，以资比较。

在考虑原辅材料时，应根据产品的生产规模，结合各地原辅材料供应情况进行选择。例如生产抗结核病药异烟肼需用4-甲基吡啶，后者既可用乙炔与氨合成制得，又可用乙醛与氨合成而得。某制药厂因位于生产电石的化工厂附近，乙炔可以从化工厂直接用管道输送过来，则可采用乙炔为起始原料。对于附近没有乙炔供应的制药厂，则宜选用乙醛为起始原料。有些原料一时得不到供应，则要考虑自行生产的问题。此外，还要考虑综合利用问题，有些产品的"下脚废料"经过适当处理后，又可以成为其他产品的宝贵原料。

国内外各种医药化工原料和试剂目录或手册可为挑选合适的原料和试剂提供重要线索。另外，了解工厂的生产信息，特别是有关药物和重要化工中间体方面的情况，亦对原料选用有很大帮助。

总之，在选择合成路线时，原料的选择要因地制宜，主要原料成本高的，就近选择或在主要原料产地建厂，辅料要选择运输便利的。对于某些工艺关键的原料要作好自己生产的准备，特别是需要进口的原料，借此降低成本。结构复杂的药物，如甾体激素，若用简单化工原料合成步骤多，应尽量寻找天然原辅材料进行半合成。此外，还要考虑综合利用，有些产品的边角料可以成为其他产品的宝贵原料。

二、设备要求

药物的生产条件很复杂，从低温到高温，从真空到高压，从易燃易爆到剧毒、强腐蚀性物料等，千差万别。不同的生产条件对设备及其材质有不同的要求，而先进的生产设备是产品质量的重要保证，因此，考虑设备及材质的来源、加工以及投资问题在设计工艺路线时是必不可少的。

选择设备条件不苛刻的工艺路线是基本的原则。如苯胺重氮化制备苯肼时，若用一般的间歇反应釜，为防止高温下重氮盐的分解，导致其他副反应，需要在 $0 \sim 5℃$ 进行反应，必须用冷媒进行冷却控温，所涉及的设备较苛刻。而采用管道反应器，使生成的重氮盐来不及分解即迅速转入下一步还原反应，就可以在常温下反应，并提高收率，重要的是设备要求降低了很多。此外，对于文献资料报道的高温高压反应，通过技术改进采取适当的措施使之在较低温度或低压下进行反应，这就避免了使用耐高压和高温的设备和材质，使操作更安全，成本更低。

设备是组织生产的固定资产，如何减少固定资产的投入和减少设备的检修时间是生产上要认真研究和解决的重要问题。以往，中国因受到经济条件的限制，在选择工艺路线时常避开一些技术条件及设备要求高的反应，这样的状况是绝对不符合当今经济发展趋势的。长期以来，中国的医药工业就是依靠劳动力和原料成本的低廉，走设备落后、工艺陈旧的劳动密集型的发展道路。要尽快想办法改变这个局面，在选择药物合成工艺路线时，对能显著提高收率，能实现机械化、连续化和自动化生产，有利于劳动防护和环境保护的反应，哪怕技术条件复杂，对设备要求高，也应尽可能根据条件予以选择。

三、操作方式

1. 反应类型

在初步确定合成路线和制定实验室工艺研究方案时，还必须作必要的实际考察，有时还需要设计极端性或破坏性实验，以阐明化学反应类型到底属于"平顶型"还是属于"尖顶型"，为工艺设备设计积累必要的实验数据（图2-1）。尖顶型反应的特点是反应条件难以控制，反应条件苛刻，副反应多等，如需要超低温等苛刻条件的反应。"平顶型"反应的特点是反应易于控制，反应条件易于实现，副反应少，工人劳动强度低，工艺操作条件较宽。工业生产倾向采用"平顶型"反应，工艺操作条件要求不甚严格，稍有差异也不至于严重影响产品质量和收率，可减轻操作人员的劳动强度。同时，"平顶型"反应和"尖顶型"反应不是一成不变的，在一定的条件下可相互转换。

当然，对于"尖顶型"反应，在工业生产上可通过精密自动控制予以实现。"尖顶型"反应类型，若应用剧毒原料，对设备要求也高；但如果原料低廉，收率尚好，又可以实现生产过程的自动控制，也可为工业生产所采用。

2. 合成方式

理想的药物合成工艺路线应具备合成步骤少、操作简便、设备要求低、各步收率较高等

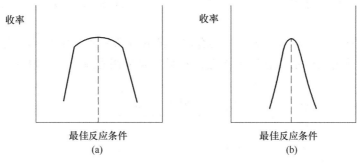

图 2-1　"平顶型"反应和"尖顶型"反应示意图

特点。了解反应步骤数量和计算反应总收率是衡量不同合成路线效率的最直接的方法。这里有"直线方式"和"汇聚方式"两种主要的合成方式。

在直线方式的合成工艺路线中，一个由六步反应组成的反应步骤，是从原料 A 开始至最终产品 G。由于六步反应各步收率不可能为 100%，其总收率是六步反应的收率之积。

假如每步收率为 90%。

$$A \xrightarrow{90\%} B \xrightarrow{90\%} C \xrightarrow{90\%} D \xrightarrow{90\%} E \xrightarrow{90\%} F \xrightarrow{90\%} G$$

直线方式总收率为 $(0.90)^6 \times 100\% = 53.1\%$。

在汇聚方式的合成工艺路线中，先以直线方式分别构成几个单元，然后再进行单元反应生成最终产品。

如有六步反应，组成一个单元为从 A 起始 A→B→C，另一个单元从 D 起始 D→E→F，假如每单元中各步反应收率为 90%，则两单元汇聚组装反应合成 G。

$$\left. \begin{array}{l} A \xrightarrow{90\%} B \xrightarrow{90\%} C \\ D \xrightarrow{90\%} E \xrightarrow{90\%} F \end{array} \right\} \xrightarrow{90\%} G$$

汇聚方式总收率为 $(0.90)^3 \times 100\% = 72.9\%$

根据两种方式的比较，汇聚合成方式有两个优点：一是总收率偏高；二是如果偶然失误损失一个批号的中间体，比如 A→B→C 单元，还不至于对整个路线造成灾难。在路线长的合成中应尽量采用汇聚方式，也就是通常所说的侧链和母体的合成方式。

四、工序问题

在选择工艺路线时，常常选工序少的工艺，这样可以提高收率和简化工艺。因此，"一步法""一勺烩"等常是医药工业中技术革新的内容之一。"一勺烩"是指若一个反应所用的溶剂和产生的副产物对下一步反应影响不大时，可将两步或几步反应按顺序，不经分离，在同一个反应罐中进行。进行"一勺烩"操作，必须首先弄清楚各步反应的反应历程和工艺条件，进而了解对反应进程进行控制的手段，副反应产生的杂质及其对后处理的影响，以及前后各步反应的溶剂、pH、副产物间的相互干扰和影响。

在药物的合成工艺路线中，除工序多少对收率及成本有影响外，工序的先后次序有时也会对成本及收率产生影响。单元反应虽然相同，但进行的次序不同，由于反应物料的化学结构与理化性质不同，会使反应的难易程度和需要的反应条件等也不同，故往往导致不同的反应结果，即在产品质量和收率上可能产生较大差别。这时，就需研究单元反应的次序如何安排最为有利。从收率角度看，应把收率低的单元反应放在前，而把收率高的放在后，这样做符合经济原则，有利于降低成本。此外，应尽可能把价格较贵的原料放在最后使用，这样可降低贵重原料的单耗，有利于降低生产成本。当然，最佳的安排要通过实验和生产实践的验证。

例如，应用对硝基苯甲酸为起始原料合成局部麻醉药盐酸普鲁卡因时就有两种单元反应排列方式：一是采用先还原后酯化的 A 路线；另一是采用先酯化后还原的 B 路线。

A 路线中的还原一步若采用在电解质存在下用铁粉还原的方法，则芳香酸能与铁离子形成不溶性的沉淀，混于铁泥中，难以分离。故不能采用较便宜的铁粉还原法，而要用其他成本较高的还原方法进行，这样就不利于降低产品成本。其次，下步酯化反应中，由于对氨基苯甲酸的化学活性较对硝基苯甲酸的活性低，故酯化反应的收率也不高，这样就浪费了较贵重的中间体二乙氨基乙醇。

按 B 路线进行合成时，由于对硝基苯甲酸的酸性强，有利于加快酯化反应速度，而且两步反应的总收率较 A 路线高 25.9%，所以采用 B 路线的单元反应排列方法为好。

又如在氯霉素的生产中，乙苯硝化制备对硝基乙苯的过程中，乙苯硝化时用混酸进行硝化。在生产上混酸配制的加料顺序与实验室不同。

在实验室用烧杯作容器，浓硫酸以细流缓慢加入水中，并不断用玻璃棒搅拌；若水以细流缓慢加入浓硫酸中，即使用玻璃棒搅拌，也会出现酸沫四溅的现象，甚至引起烧杯的爆裂。而在生产上则考虑设备腐蚀问题，混酸中浓硫酸的用量要比水多得多，将水加于浓硫酸中可大大降低试剂对混酸罐的腐蚀（因为 20%~30% 的硫酸对铁的腐蚀性最强，浓硫酸对铁的腐蚀较弱）。其次，在良好的搅拌下，水以细流加入浓硫酸中产生的稀释热立即被均匀分散。

第三节　工艺方案的选择

工艺路线由许多单元反应组成，每步单元反应又有不同的反应条件，因此工艺方案的选择就显得至关重要，采用不同工艺方案的结果将直接影响整条工艺路线的可行性、产品的质量和生产成本。故而，工艺方案的选择，除选择一条合适的工艺路线外，还应选择最佳的工艺条件。要想选择最佳的工艺条件，就需要对工艺路线中各步单元反应的反应条件进行研究与优化。

对各步反应条件的研究和优化应从化学反应的内因和外因两个方面入手，只有对反应过程的内因、外因以及它们之间的相互关系深入了解后，才能正确地将两者统一起来，进一步获得最佳工艺条件。

化学反应的内因（物质的性能）主要是指反应物和反应试剂分子中原子的结合状态、键的性质、立体结构、官能团的活性、各种原子和官能团之间的相互影响及物化性质等，这是设计和选择药物合成工艺路线的理论依据。

化学反应的外因（反应条件）也就是各种化学反应的一些共同点，如反应物的配料比、加料次序、反应温度、溶剂、催化剂、反应终点控制、搅拌状况、pH 值等。本部分将对化学反应的外因进行详细介绍。

一、反应物配料比

反应物的配料比也称投料比，是在一定条件下的最恰当的反应物组成，是既可获得较高收率又能节约原料（即降低单耗）的配比。

$$\text{化学计量系数比（理论投料比）}\quad CH_3CH_2OH + CH_3COOH \underset{}{\overset{H_2SO_4}{\rightleftharpoons}} CH_3COOC_2H_5 + H_2O$$
$$1 \quad : \quad 1$$

反应物的（实际）配料比可以等于化学计量系数比（理论投料比），也可以不等于化学计量系数之比。多数情况下，（实际）配料比不等于化学计量系数比（理论投料比）。例如，对乙酰氨基酚生产工艺中，$NaNO_2$：苯酚 = 1.3 : 1.0。

$$NaNO_2 + H_2SO_4 \longrightarrow HNO_2 + NaHSO_4$$

在研究反应物浓度和配料比对制药工艺的影响时，首先要搞清楚反应类型和反应原理。按化学反应进行的过程可分为简单反应和复杂反应两大类。

（一）简单反应

只有一个基元反应（反应物分子在碰撞中一步直接转化为生成物分子的反应）的化学反应称为简单反应。从化学动力学角度，简单反应是以反应分子数（或反应级数）来分类的，如单分子反应、双分子反应、三分子反应等（或一级反应、二级反应、三级反应及零级反应等）。

1. 单分子反应（一级反应）

只有一个分子参与的基元反应称为单分子反应，其反应速率与反应物浓度的一次方成正比，故又称一级反应。

如对反应：A→P

$$(-r_A) = -\frac{dc_A}{d\tau} = kc_A$$

工业上许多有机化合物的热分解（如烷烃的裂解）和分子重排反应（如贝克曼重排、联苯胺重排）等都是常见的一级不可逆反应。

2. 双分子反应（二级反应）

两个分子（不论是相同分子还是不同分子）碰撞时发生相互作用的反应称为双分子反

应。反应速率与反应物浓度的二次方成正比，故又称二级反应。

相同分子间的二级反应：2A→P

$$(-r_A) = -\frac{dc_A}{d\tau} = kc_A^2$$

不同分子间的二级反应：A＋B→P

$$(-r_A) = -\frac{dc_A}{d\tau} = kc_A c_B$$

工业上，二级不可逆反应最为常见，如：乙烯、丙烯、异丁烯及环戊二烯的二聚反应，烯烃的加成反应，乙酸乙酯的皂化，卤代烷的碱性水解等。

3. 零级反应

某些光化学反应、表面催化反应和电解反应等，它们的反应速率与浓度无关，仅受其他因素（如光强度、催化剂表面状态和通过的电量）的影响，这类反应被称为零级反应。

（二）复杂反应

由两个或两个以上基元反应构成的化学反应称为复杂反应。常见的复杂反应主要为可逆反应、平行反应和连续反应。

1. 可逆反应

可逆反应是复杂反应中常见的一种，在反应物发生化学反应生成产物的同时，产物之间也在发生化学反应回复成原料。反应通式如下：

$$A+B \underset{k_2}{\overset{k_1}{\rightleftharpoons}} R+S$$

可逆反应的特点：

① 对于正、逆方向的反应，质量作用定律都适用。

② 正反应速率与反应物的浓度成正比，逆反应速率与生成物浓度成正比。

③ 正逆反应速率之差，就是总的反应速率。

④ 正反应速率随时间延长逐渐减小，逆反应速率随时间延长逐渐增大，直到两个反应速率相等。

⑤ 增加某一反应物的浓度或移去某一生成物，使化学平衡向正方向移动，能达到提高反应速率和增加产物收率的目的。

如乙醇与乙酸的酯化反应是可逆反应，可以通过移除水分使生成物之一的水浓度减小，反应始终朝着生成酯的方向进行，而反应也始终达不到平衡，从而得到满意的产品及收率。

$$CH_3CH_2OH + CH_3COOH \xrightarrow{H_2SO_4} CH_3COOC_2H_5 + H_2O$$

2. 平行反应

平行反应又称竞争性反应，也是一种复杂反应，即反应物同时进行几种不同的化学反应。在生产上将所需要的反应称为主反应，其余称为副反应。如甲苯的硝化：

对于反应级数相同的平行反应来说，其主副反应速率之比为一常数，与反应物浓度、时间无关。如上述甲苯硝化反应，生成的邻位、对位和间位产物的比例始终不随浓度的变化而变化。对于这类反应，不能用改变反应物的配料比或反应时间的方法来改变生成物的比例，但可以用温度、溶剂、催化剂等来调节生成物的比例。

对于反应级数不相同的平行反应来说，增加反应物浓度有利于级数高的反应的进行。在一般情况下，增加反应物的浓度，有助于加快反应速率。从工艺角度上看，增加反应物浓度，有助于提高设备能力，减少溶剂使用量等。但是，有机反应大多数存在副反应，反应物浓度的提高也可能加速副反应的进行，所以，应选择适宜的浓度与配比。例如在吡唑酮类解热镇痛药的合成中，苯肼与乙酰乙酸乙酯的环合反应：

此反应为主反应（二级反应），但若苯肼浓度增加较多时，会引起 2 分子苯肼与 1 分子乙酰乙酸乙酯的副反应（三级反应），反应方程式如下：

因此，苯肼的反应浓度应控制在较低水平，既能保证主反应的正常进行，又不至于引起副反应的发生。

3. 连续反应

反应物发生化学反应生成产物的同时，该产物又能进一步反应而生成另一种产物，这种类型的反应称为连续反应。

如乙酸氯化生成氯乙酸，氯乙酸反应生成二氯乙酸，再反应生成三氯乙酸，此反应就是典型的连串反应。

$$CH_3COOH + Cl_2 \xrightarrow[-HCl]{Cl_2} ClCH_2COOH \xrightarrow[-HCl]{Cl_2} Cl_2CHCOOH \xrightarrow[-HCl]{Cl_2} Cl_3CCOOH$$

要控制主产物为氯乙酸时，则氯气与乙酸比应小于 1∶1（物质的量之比）；如果需三氯乙酸为主产物，则氯气与乙酸比应大于 3∶1（物质的量之比）。因此，控制氯气与乙酸的配料比可得到不同的产物。

又如乙苯的反应中，为防止进一步反应（副反应）的发生，乙烯与苯的物质的量之比为 0.4∶1.0，即反应物的配料比小于理论量。

在三氯化铝催化下，将乙烯通入苯中制得乙苯，由于乙基的给电子作用，使苯环活化，更易引入第二个乙基，如不控制乙烯通入量，势必产生二乙苯或多乙苯。所以生产上一般控制乙烯与苯的物质的量之比为 0.4∶1.0 左右，这样乙苯收率较高，而过量的苯可以循环套用。

由此可见，反应物的最佳配料比可以等于化学计量系数之比，也可以不等于化学计量系数之比。多数情况下，配料比不等于化学计量系数之比，可以小于理论量也可以大于理论量。

磺胺合成中，乙酰苯胺（退热冰）的氯磺化反应产物对乙酰氨基苯磺酰氯（简称 ASC）的收率取决于反应液中氯磺酸与硫酸两者浓度的比例关系。实际生产上考虑到氯磺酸的有效利用率以及经济核算，采用了较为经济合理的配比，即 1.0：（4.5～5.0），也就是反应物的配料比大于理论量。

$$\text{NHCOCH}_3 \xrightarrow{\text{HOSO}_2\text{Cl}} \text{NHCOCH}_3$$

ASC

氯磺酸的用量越多，对 ASC 的生成越有利。如乙酰苯胺与氯磺酸投料的物质的量之比为 1:2（理论量）时，ASC 的收率仅为 7%；当物质的量之比为 1.0:4.8 时，ASC 的收率为 84%；当物质的量之比再增加到 1.0:7 时，则收率可达 87%。实际生产中，考虑到氯磺酸的有效利用率以及经济核算，采用了较为经济合理的配比，即 1.0：（4.5～5.0）。

二、加料次序

某些化学反应要求物料按一定的先后次序加入，否则会加剧副反应，降低收率；有些物料在加料时可一次投入，也有些则要分批缓慢加入。

对一些热效应较小、无特殊副反应的反应，加料次序对收率的影响不大，一般情况下，先固后液。如酯化反应，从热效应和副反应的角度来看，对加料次序并无特殊要求。在这种情况下，应从加料便利、搅拌要求或设备腐蚀等方面来考虑，采用比较适宜的加料次序。如酸的腐蚀性较强，以先加醇再加酸为好；若酸的腐蚀性较弱，而醇在常温时为固体，又无特殊要求，则以先加酸再加醇较为方便。

对一些热效应较大同时也可能发生副反应的反应，加料次序是一个不容忽视的问题，因为它直接影响着收率的高低。热效应和副反应的发生常常是相关联的，往往由于反应放热较多而促使反应温度升高，引发副反应。当然这只是副反应发生的一个方面，还有其他许多因素，如反应物的浓度、时间、温度等。因此必须针对引起副反应的原因而采取适当的控制方法，必须从使反应操作控制较为容易、副反应较少、收率较高、设备利用率较高等方面综合考虑，来确定适宜的加料次序。

例如在巴比妥生产的乙基化反应中，除配料比中溴乙烷的用量要超过理论量 10% 以上外，加料次序对乙基化反应至关重要。

$$\begin{array}{c}\text{COOC}_2\text{H}_5 \\ | \\ \text{CH}_2 \\ | \\ \text{COOC}_2\text{H}_5\end{array} + 2\text{C}_2\text{H}_5\text{Br} \xrightarrow{2\text{C}_2\text{H}_5\text{ONa}} \begin{array}{c}\text{H}_5\text{C}_2 \quad \text{COOC}_2\text{H}_5 \\ \diagdown \quad \diagup \\ \text{C} \\ \diagup \quad \diagdown \\ \text{H}_5\text{C}_2 \quad \text{COOC}_2\text{H}_5\end{array}$$

正确的加料次序应该是先加乙醇钠，再加丙二酸二乙酯，最后滴加溴乙烷。若将丙二酸二乙酯与溴乙烷的加料次序颠倒，则溴乙烷和乙醇钠的作用机会大大增加，生成大量乙醚，而使乙基化反应失败。

$$\text{C}_2\text{H}_5\text{Br} + \text{C}_2\text{H}_5\text{ONa} \longrightarrow \text{C}_2\text{H}_5\text{OC}_2\text{H}_5 + \text{NaBr}$$

因此，对某些化学反应，要求物料的加入须按一定的先后次序，否则会加剧副反应，降低收率。应针对反应物的性质和可能发生的副反应来选择适当的加料次序。在解决实际问题时，应该把各有关的反应条件相互联系起来，通过分析，找出较为理想的加料方式和次序。

三、反应终点控制

每一个化学反应，都有最适宜的反应时间。在一定的浓度、温度等条件下，反应时间是固定的。反应时间不够，反应当然不会完全，转化率不高，影响收率及产品质量。反应时间过长不一定增加收率，有时还会使收率急剧下降。在规定条件下，达到反应时间后就必须停止反应，进行后处理，使反应生成物立即从反应系统中分离出来。否则，可能会使反应产物发生分解、破坏、副反应增多或产生其他复杂变化，而使收率下降，产品质量下降。为此，每步反应都必须掌握好它的进程，控制好反应时间和终点。

所谓适宜的反应时间，主要决定于反应过程的化学变化完成情况，或者说反应是否已达到终点。最佳反应时间是通过对反应终点的控制摸索得到的。控制反应终点，主要是控制主反应的终点，测定反应系统中是否有未反应的原料（或试剂），或其残存量是否达到一定的限度。

测定反应终点一般可采用简易快速的化学或物理方法，如显色、沉淀、酸碱度、薄层色谱、气相色谱、纸色谱等方法。确定一个反应的时间时，首先可根据相关文献，设定一个反应时间值，然后对反应过程跟踪检测，判断反应终点，实验室中常采用薄层色谱（TLC）跟踪检测。TLC检测时，首先将原料用适当的溶剂溶解，用毛细管或微量点样器取少量原料溶液点于薄层板上并作相应的记号，再取反应一定时间的反应液点于板上，然后将板放于展开槽中用合适的展开剂展开。当溶剂前沿比较合适时，取出吹干，置紫外灯下观察荧光斑点，判断原料点是否消失或原料点几乎不再变化，除了产物和原料外是否有新的杂质斑点生成，根据这些信息可以决定是否终止反应。原料点消失，说明原料反应完全；原料点几乎不再变化，说明反应达到平衡；有新的杂质斑点，说明有新的副反应发生或产物发生分解。

例如邻苯二甲醇是一种重要的有机合成中间体和药物中间体，其合成方法之一是采用邻二氯苄水解生成邻苯二甲醇。在水解过程中，除生成主要产物外，还有其他一些副产物生成。

其反应过程用薄层色谱跟踪监测，选用无水乙醚：石油醚＝2：1的混合液作展开剂。取不同反应时间的水解液，进行TLC分析，判断反应进程及终点情况，具体监测过程如下：

（1）反应初期，分析结果表明水解液中有少量产品2出现，有大量原料1，但无副产物生成，此时反应的转化率不高，尚需进一步反应，薄层色谱分析见图2-2（a）所示。

（2）反应中期，随着反应的进行，反应原料1逐渐减少而产品2增多，副产物3出现，薄层色谱分析见图2-2（b）所示。

（3）随着反应的继续进行，原料1消失，产品2斑点增大，副产物3增多，薄层色谱分析见图2-2（c）所示。

（4）反应继续进行，副产物4出现，产品2斑点变小，见图2-2（d）所示。

如重氮化反应，是利用淀粉-碘化钾试液检查是否有过剩的亚硝酸来控制终点。由水杨酸制造阿司匹林的乙酰化反应以及由氯乙酸制造氰乙酸钠的氰化反应，都是利用快速的测定法来确定反应终点的。前者测定水杨酸含量达到0.02%以下方可停止反应；后者测定反应液中氰离子（CN^-）的含量在0.4%以下方为反应终点。通氯的氯化反应，由于通常液体氯化物密度大于非氯化物，所以常常以反应液的密度变化来控制终点。如甲苯的氯化反应可根

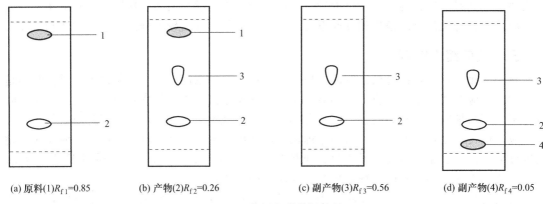

(a) 原料(1)R_{f1}=0.85   (b) 产物(2)R_{f2}=0.26   (c) 副产物(3)R_{f3}=0.56   (d) 副产物(4)R_{f4}=0.05

图 2-2   薄层色谱分析结果

据生成物的要求，控制密度值。生产一氯甲苯时控制反应液密度为 $1.048\times10^3\,kg/m^3$，生产二氯甲苯时控制反应液密度为 $(1.286\sim1.332)\times10^3\,kg/m^3$。也可根据反应现象、反应变化情况以及反应生成物的物理性质（如相对密度、溶解度、结晶形态等）来判断反应终点。如催化氢化反应，一般是以吸氢量控制反应终点的，当氢气吸收达到理论量时，氢气压强不再下降或下降速度很慢，即表示反应已达终点。

四、反应温度

反应温度的选择和控制是合成工艺研究的一个重要内容。通常采用类推法选择反应温度，即根据文献报道的类似反应的反应温度初步确定反应温度，然后根据反应物的性质作适当的改变，如与文献中的反应实例相比，立体位阻是否大了，或其亲电性是否小了等，综合各种影响因素，进行设计和试验。如果是全新反应，不妨从室温开始，用薄层色谱法追踪反应发生的变化，来逐步升温或延长时间；若反应过快或激烈，可以降温或控温使之缓和进行。

温度对反应速率和化学平衡有很大影响，升高温度常常是生产上加快反应速率的有效措施。然而，随着温度的升高，往往会引起或加剧副反应，增加设备投资、维护费用以及能源消耗，同时也不利于安全生产。因此，工业生产中对反应温度的控制要综合考虑诸方面的因素。

（一）温度对化学反应速率的影响

根据大量实验归纳总结出一个近似规则，即反应温度每升高10℃，反应速率大约加快1～2倍。这种温度对反应速率影响的粗略估计，称为范特霍夫（Van't Hoff）规则。多数反应大致符合上述规则，但并不是所有的反应都符合。

温度对反应速率的影响是复杂的，归纳起来有4种类型，如图2-3所示。第Ⅰ种类型，反应速率随温度的升高而逐渐加快，它们之间是指数关系，这类反应是最常见的，可以应用阿累尼乌斯（Arrhenius）方程求出反应速率常数与活化能之间的关系。第Ⅱ类属于有爆炸极限的化学反应，这类反应开始时温度对反应速率影响很小，当达到一定温度极限时，反应即以爆炸速率进行。第Ⅲ类是在酶反应及催化加氢反应中发现的，即在温度不高的条件下，反应速率随温度增高而加速，但到达某一高温后，再升高温度，反应速率反而下降，这是由于高温对催化剂的性能有着不利的影响。第Ⅳ类是反常的，温度升高反应速率反而下降，如硝酸生产中的一氧化氮的氧化反应就属于此类。

温度对反应速率的影响，通常遵循阿累尼乌斯（Arrhenius）方程：

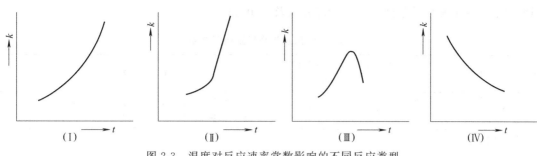

图 2-3　温度对反应速率常数影响的不同反应类型

$$k = A\mathrm{e}^{-E/RT}$$

式中　k——反应速率常数;

　　　A——频率因子(或称指前因子);

　　　E——反应活化能;

　　　R——气体常数;

　　　T——反应温度。

由公式可以看出,反应速率常数 k 可以分解为频率因子 A 和指数因子 $\mathrm{e}^{-E/RT}$。指数因子是控制反应速率的主要因素,其核心是活化能 E,而温度 T 的变化,也使指数因子变化而导致 k 值的变化。E 值反映温度对速率常数影响的大小,不同反应有不同的活化能 E。E 值很大时,升高温度,k 值增大显著;E 值较小时,温度升高,k 值增大并不显著。温度升高,一般都可以使反应速率加快。

生产上要严格控制反应温度,以加快主反应速率,增大目的产物的收率。如氧化反应中,反应的温度不同,可以得到不同的产物,反应方程式如下:

$$
\begin{array}{ccc}
 & \xrightarrow[40℃]{MnO_2 + H_2SO_4} & \text{CHO} \\
CH_3 & & \\
 & \xrightarrow[120℃]{MnO_2 + H_2SO_4} & \text{COOH}
\end{array}
$$

到目前为止,还没有一个公式可以全面而准确地揭示反应速率与反应温度的关系。但对于大多数化学反应,升高温度会加速反应。

（二）温度对化学平衡的影响

对于不可逆反应,可以不考虑温度对化学平衡的影响,而对于可逆反应,温度的影响是很大的。

对于吸热反应,温度升高,平衡常数 K 值增大,有利于产物的生成,因此升高温度有利于反应的进行;对于放热反应,温度升高,平衡常数 K 值减小,不利于产物的生成,因此降低温度有利于反应的进行。

（三）常用加热介质和冷却介质

理想的反应温度是室温,但室温反应毕竟是极少数,而加热和冷却才是常见的反应条件。加热温度可通过选用具有适当沸点的溶剂,如热水、汽水混合物或导热油等。常用的冷却介质有冰/水（0℃）、冰/盐（-10~-5℃）、干冰/丙酮（-60~50℃）和液氮（-196~-190℃）。从工业生产规模考虑,在 0℃ 或 0℃ 以下反应,需要冷冻设备。表 2-1、表 2-2 分别列出了工业上常用的加热介质、冷却介质及使用范围。

表 2-1 常用加热介质及使用范围

序号	介质名称	适用范围/℃	传热系数/[W/(m²·℃)]	性能及特点
1	热水	30～80	50～1400	优点:使用成本低廉,可以用于热敏性物质 缺点:加热温度低
2	低压饱和蒸汽(表压小于600kPa)	100～150	(1.7×10³)～(1.2×10⁴)	优点:蒸汽冷凝的潜热大,传热系数高,调节温度方便 缺点:需要配备蒸汽锅炉系统,使用高压管路输送,设备投资大
3	高压饱和蒸汽(表压小于600kPa)	150～200		
4	高压汽-水混合物			
5	导热油	100～250	50～175	优点:可以用较低的压力,达到较高加热温度,加热均匀 缺点:需配备专用加热油炉和循环系统
6	道生油(液体)	100～250	200～500	由26.5%联苯和73.5%二苯醚组成的混合物,沸点258℃
7	道生油(气体)	100～250	1000～2000	优点:可在较低的蒸汽压力下获得较高的加热温度,加热均匀 缺点:需配备专用加热油炉和循环系统
8	烟道气	300～1000	12～50	优点:加热温度高 缺点:效率低,温度不易控制
9	熔盐	400～540		由40%NaNO₂、53%KNO₃、7%NaNO₃组成 优点:蒸气压力低,加热温度高,传热效果好,加热稳定 缺点:成本相对较高,对设备有一定腐蚀性
10	电加热	<500		优点:加热速度快,清洁高效,控制方便,适用范围广 缺点:电耗较高,一般仅用于加热量较小、要求较高的场合

表 2-2 常用的冷却介质及使用范围

序号	介质及主要设备	适用范围/℃	性能及特点
1	空气(空气冷却器)	10～40	优点:使用成本低廉,设备简单 缺点:冷却效率低,温度适用范围较窄
2	冷却水(晾水塔:循环水)	15～30	优点:使用成本低廉,设备简单,控制方便,是最常用的冷却剂 缺点:不能实现较低温度的深冷操作
3	冷盐水(溴化锂冷机-7℃冷盐水)(螺杆机:冷盐水)	-15～-20	优点:冷却效果好,设备简单,控制方便 缺点:设备投资较大,需要配备压缩机等制冷系统,对管道系统有腐蚀
4	冷冻水、氟利昂等制冷剂(冷冻机组,深冷压缩机)	-10～-60	优点:冷却效果好,控制方便,能够达到很低的温度 缺点:设备投资很大,一般会使用破坏臭氧层的氟利昂等制冷剂,在-60℃以下深冷效率降低
5	液氮 液氮储罐	-60或更低	优点:冷却效果好,控制比较方便,能够达到极低的温度,与使用深冷机组相比,设备投资少,清洁无污染 缺点:使用成本较高,液化气体有比较大的危险性

五、压强

反应物料的聚集状态不同,压强对其影响也不同。压强对于液相反应影响不大,而对气相或气-液相反应的平衡影响比较显著。压强对反应的影响情况大致有以下四种情况：

① 反应物是气体，压强对反应的影响依赖于反应前后体积或分子数的变化。如果一个反应的结果使体积增加（即分子数增多），那么，加压对产物生成不利；反之，如果一个反应的结果使体积缩小，则加压对产物的生成有利；如果反应前后分子数没有变化，压强对化学平衡没有影响。

② 反应物之一是气体，该气体在反应时必须溶于溶剂中或吸附于催化剂上，加压能增加该气体在溶剂中或催化剂表面上的浓度而促使反应的进行，这类反应最常见的是催化氢化反应。若能寻找到最适当的溶剂或选用更活泼的催化剂，这类反应就有可能在常压下进行，不过反应时间会大大延长。

③ 若反应过程中有惰性气体如氮气或水蒸气存在，当操作压强不变时，提高惰性气体的分压，可降低反应物的分压，有利于提高分子数减少的反应的平衡产率，但不利于反应速率的提高。

④ 反应在液相中进行，所需的反应温度超过了反应物（或溶剂）的沸点，特别是许多有机化合物沸点较低且有挥发性，加压才能进行反应。加压下可以提高反应温度，缩短反应时间。

如在甲醇的工业生产中，反应物是气体，反应过程中体积缩小，加压对反应有利。常压反应时，甲醇的收率为 10^{-5}；若加压至 30MPa 时，收率达 40%。

$$CO + 2H_2 \xrightarrow[20\sim30MPa]{催化剂\ CuO、ZnO、Cr_2O_3} CH_3OH$$

除压强外，其他因素对化学平衡也有影响。如催化氢化反应中加压能增加氢气在溶液中的溶解度和催化剂表面氢的浓度，从而促进反应的进行。另外，对需较高反应温度的液相反应，当温度已超过反应物或溶剂的沸点时，也可以加压，以提高反应温度，缩短反应时间。

产生反应正压的方法，可以是利用物料（特别是气体物料）自身进料的压力；而产生负压（真空）则需要使用真空泵。真空泵的形式多种多样，其作用一般是通过做功，将气体排出反应体系，降低体系中的各种物料的蒸气压。无论加压反应还是减压反应，都应经常对设备的气密性和安全性进行检查。

气密性实验所采用的气体为干燥、洁净的空气或氮气。因化学合成经常涉及到易燃易爆的危险品，通常使用氮气。对要求脱油脱脂的容器和管道系统，应使用无油的氮气。

进行气密性试验时，升压应分几个阶段进行：先把系统的压力升高到试验压力的 10%～20%，保压 20min 左右。检查人员在检查部位（如法兰连接、焊缝等）涂抹肥皂水，如有气泡出现则进行补焊或重新安装；如没有气泡漏出，则可继续升压到试验压力的 50%，如无异常出现，再以 10% 的梯次逐级升压检查，直到达到试验压力。在试验压力下至少保压 30min，进行检查，如没有压降或压降在允许范围内，则为合格。

真空设备在气密性试验后，还要按照设计真空度进行真空度试验。对于未通过气密性试验，经过修补的部位，要按照设计要求，进行酸洗、热处理等加工。

在一定的压强范围内，适当加压有利于加快反应速率，但是压强过高，动力消耗增大，对设备的要求提高，而且效果有限。

六、催化剂

催化剂（工业上又称触媒）是一种能改变化学反应速率，而其自身的组成、质量和化学性质在反应前后保持不变的物质。在药物合成中估计有 80%～85% 的化学反应需要应用催化剂，如在氢化、脱氢、氧化、脱水、脱卤、缩合等反应中几乎都使用催化剂。金属催化、相转移催化、生物酶催化、酸碱催化等催化反应也都广泛应用于制药产业，以加速反应速率、缩短生产周期、提高产品的纯度和收率。

（一）催化剂的作用

催化剂有两种催化作用，即正催化作用和负催化作用。催化剂使反应速率加快时起正催化作用；使反应速率减慢时起负催化作用。对于催化剂起正催化作用的实例，我们可能见得比较多；而催化剂起负催化作用的应用比较少，如有一些易分解或易氧化的中间体或药物，在后处理或贮存过程中为防止其变质失效，可加入负催化剂，以增加稳定性。

（二）催化剂的基本特性

① 催化剂能够改变化学反应速率，但它本身并不进入化学反应的计量。

② 催化剂只能改变化学反应的速率，而不能改变化学平衡（平衡常数）。

③ 催化剂只能加速热力学上可能进行的化学反应，而不能加速热力学上无法进行的反应。

④ 催化剂对反应具有特殊的选择性。包含两层含义：一是指不同类型的反应需要选择不同性质的催化剂；二是指对于同样的反应物选择不同的催化剂可以获得不同的产物。如以乙醇为原料，应用不同的催化剂，可以获得不同的产物。

$$C_2H_5OH \begin{cases} \xrightarrow[350\sim360℃]{Al_2O_3} CH_2{=}CH_2 + H_2O \\ \xrightarrow[200\sim250℃]{Cu} CH_3CHO + H_2 \\ \xrightarrow[140℃]{H_2SO_4} C_2H_5OC_2H_5 + H_2O \\ \xrightarrow[400\sim500℃]{ZnO \cdot Cr_2O_3} CH_2{=}CH{-}CH{=}CH_2 + H_2O + H_2 \end{cases}$$

（三）催化剂的活性及其影响因素

1. 催化剂的活性

催化剂的活性就是催化剂的催化能力，即催化剂改变化学反应速率的能力，它是评价催化剂作用大小的重要指标之一。工业上常用单位时间内单位质量（或单位面积）的催化剂在指定条件下所得的产品量来表示。

2. 催化剂活性的影响因素

影响催化剂活性的因素有很多，主要有温度、助催化剂、载体和催化毒物等。

（1）温度　温度对催化剂活性影响很大，温度太低时，催化剂的活性小，反应速率很慢，随着温度上升，反应速率逐渐增大，但达到最大反应速率后，又开始降低。绝大多数催化剂都有活性温度范围。温度太低，催化剂的活性小；温度过高，催化剂易烧结而破坏活性。

（2）载体　载体是催化剂组分的分散、承载、黏合或支持的物质，其种类很多，如硅藻土、硅胶、活性炭、氧化铝、石棉等具有高比表面积的固体物质。使用载体可以使催化剂分散，从而使有效面积增大，既可提高其活性，又可节约其用量；同时还可增加催化剂的机械强度；防止其活性组分在高温下发生熔结现象，影响其使用寿命。

（3）助催化剂　助催化剂又称促进剂，单独存在时不具有或无明显的催化作用，若以少量与活性组分相配合，则可显著提高催化剂的活性、选择性和稳定性。助催化剂可以是单质，也可为化合物。如在醋酸锌中添加少量的醋酸铋，可提高醋酸乙烯酯生产的选择性；乙烯法合成醋酸乙烯酯催化剂的活性组分是钯金属，若不添加醋酸钾，其活性较低，如果添加一定量的醋酸钾，可显著提高催化剂的活性。

（4）催化毒物 对催化剂的活性有抑制作用的物质，称为催化毒物。有些催化剂对于毒物非常敏感，微量的催化毒物即可使催化剂的活性降低甚至消失。另外，毒化现象有时表现为催化剂的部分活性消失，因而呈现出选择性催化作用。对这种选择性催化作用，在生产上可以加以利用，如在维生素 A 的合成中，用喹啉、醋酸铅和硝酸铋处理的钯-碳酸钙（Pd-CaCO₃）催化剂仅能使分子中的炔键半还原成烯键，而原有的烯键保留不变。

3. 酶催化剂

酶是一种具有特殊催化活性的蛋白质。酶催化剂（或称生物催化剂）不仅具有特异的选择性和较高的催化活性，而且反应条件温和，对环境的污染较小，广泛应用于生物、制药、制酒及食品工业中。

（1）酶催化特性 酶催化剂与化学催化剂相比，既有共性，又有个性。除了具有化学催化剂的催化特性外，还具有生物催化剂的特性。

① 高效性 酶具有极高的催化效率，酶的催化效率一般是其他类型催化剂的 $10^7 \sim 10^{13}$ 倍。以 H_2O_2 分解为例：

$$H_2O_2 \xrightarrow{\text{催化剂}} H_2O + O_2$$

用过氧化氢酶催化为铁离子催化的 10^{10} 倍。

② 专一性 酶的专一性又称为特异性，是指酶只能催化一种或一类反应，作用于一种或一类极为相似的物质。它的专一性包括：反应专一性、底物专一性和立体专一性。如谷氨酸脱氢酶只专一催化 L-谷氨酸转化为 α-酮戊二酸，淀粉酶只能催化淀粉的水解反应等。这种性质称为酶的反应专一性。在底物专一性方面，有的酶表现绝对专一性，不过更多的酶具有相对专一性。它们允许底物分子上有微小的变动。酶具有高度作用的立体专一性，即当酶作用的底物或形成的产物具有立体异构体时，酶能够加以识别，并有选择地进行催化。

③ 反应条件温和 酶促反应在温和条件下，收率较高，如常温、常压和接近中性的酸碱度。反应条件一般控制在 pH 5～8，反应温度范围常为 20～40℃。否则，易引起酶的失活。

④ 易失活 凡能使蛋白质变性的因素如强酸、强碱、高温或其他苛刻的物理或化学条件都能使酶破坏而完全失去活性，所以酶作用一般都要求比较温和的条件。

（2）固定化酶技术 固定化酶又称水不溶性酶，它是将水溶性的酶或含酶细胞固定在某种载体上，成为不溶于水但仍具有酶活性的酶衍生物，即运动受到限制而可能发挥作用的酶制剂。将酶固定在某种载体上以后，一般都有较高的稳定性和较长的有效寿命，其原因是固化增加了酶构型的牢固程度，阻挡了不利因素对酶的侵袭，限制了酶分子间的相互作用。

固定化酶属于修饰酶，既具有生物催化剂的功能，又具有固相催化剂的特性，具有以下优点：①稳定性提高，可多次使用；②反应后，酶与底物、产物易分离，易进行产物纯化，产物质量高；③反应条件易于控制，可实现转化反应的连续化和自动控制；④酶的利用率高，单位酶催化的底物量增加，用酶量下降；⑤比水溶性酶更适合于多酶反应。

以氨基酰化酶为例，天然的溶液游离酶在 70℃加热 15min 其活力全部丧失，但是当它固定于 EDTA-葡聚糖以后，同样条件下则可保存 80％的活力。固定化还可增加酶对变性剂、抑制剂的抵抗力，减轻蛋白酶的破坏作用，延长酶的操作和保存有效期。大部分酶在固定化后，其使用和保存的时间显著延长。

固相酶能反复使用，使生产成本大大降低，在制药工业中的应用很广，如甾体激素的生物转化、半合成抗生素的生产、DL-酯类物质的消旋等。应用于半合成抗生素类的酶催化反应见表2-3。

表 2-3 应用于半合成抗生素类的酶催化反应

反　　应	微生物细胞或酶
青霉素→6-APA	青霉素酰化酶
头孢菌素→7-ACA	氨基氧化酶
头孢菌素→中间体→7-ACA	氨基氧化酶，7-ACA 酰化酶
苯甘氨酸甲酯＋7-ADCA→头孢氨苄	巨大芽孢杆菌 B-402
头孢菌素 C→羟甲基头孢菌素	头孢菌素乙酰酯酶
葡萄糖→青霉素 G	青霉菌（*P. chrysogenum*)

例如青霉素类药物的重要中间体 6-APA 的制备。过去都是将青霉素 G 进行化学裂解得 6-APA（6-氨基青霉烷酸），然后以 6-APA 为母体来制备一系列半合成青霉素。但 6-APA 很不稳定，易分解，用化学裂解法时，需在低温下（−40℃左右）进行反应，且收率低，成本高。现在多采用青霉素酰化酶裂解法来制备 6-APA。

青霉素酰化酶存在于细菌、霉菌、酵母菌以及某些动、植物的组织中。基于作用底物不同，可将青霉素酰化酶分为两类：①青霉素 G 酰化酶，主要存在于细菌中，它适用于裂解青霉素 G 为 6-APA；②青霉素 V 酰化酶，主要存在于霉菌、放线菌及酵母菌中，适用于裂解青霉素 V 为 6-APA。工业上，一般采用大肠杆菌的青霉素 G 酰化酶、巨大芽孢杆菌的青霉素 G 酰化酶或镰刀霉菌的青霉素 V 酰化酶生产 6-APA。

青霉素酰化酶裂解青霉素 G 制备 6-APA 的反应式如下：

4. 酸碱催化剂

凡具有未共享电子对而能够接收质子的物质（广义的碱），能与不共享电子对相结合的物质［即能够供给质子的物质（广义的酸）］，在一定条件下，都可以作为酸碱催化反应中的催化剂。例如淀粉水解、缩醛的形成及水解、贝克曼（Beckmann）重排等都是以酸为催化剂的，而羟醛缩合、康尼查罗（Cannizzaro）反应等则是以碱为催化剂的。

常用的酸性催化剂有：①无机酸，如氢溴酸、氢碘酸、硫酸、磷酸等；②有机酸，如对甲苯磺酸、草酸、磺基水杨酸等；③路易斯（Lewis）酸，如三氯化铝（$AlCl_3$）、二氯化锌（$ZnCl_2$）、三氯化铁（$FeCl_3$）、四氯化锡（$SnCl_4$）和三氟化硼（BF_3）；④弱碱强酸盐，如氯化铵、吡啶盐酸等。

常用的碱性催化剂有金属的氢氧化物、金属的氧化物、弱酸强碱的盐类、有机碱、醇钠、氨基钠和有机金属化合物等。

5. 相转移催化剂

相转移催化反应是使一种反应物由一相转移到另一相中参加反应，促使一个可溶于有机溶剂的底物和一个不溶于此溶剂的离子型试剂两者之间发生反应。从相转移催化原理来看，整个反应可视为络合物动力学反应。反应可分为两个阶段：一是有机相中的反应；二是继续转移负离子到有机相。它是有机合成中引人瞩目的新技术。常用的相转移催化剂（phase transfer catalyst，PTC）可分为鎓盐类、冠醚类及非环多醚类三大类。

（1）鎓盐类催化剂　鎓盐类催化剂适用于液-液和液-固体系，并克服了冠醚的一些缺点，例如鎓盐能适用于所有正离子，而冠醚则有明显的选择性。鎓盐价廉，无毒。鎓盐在所有有机溶剂中可以各种比例溶解，故人们通常喜欢选用鎓盐作为相转移催化剂。鎓盐类催化剂常用的有季铵盐（TEBA）和季磷盐，而考虑到价格及来源等因素，季铵盐应用更为普遍。常用的有三乙基苄基氯化铵（TEBAC）、三辛基甲基氯化铵（TOMAC）、苄基三甲基氯化铵、四丁基硫酸氢铵等。鎓盐类催化剂虽然其结构不尽相同，但一般具有如下特点：

① 分子量比较大的鎓盐比分子量小的鎓盐具有较好的催化效果。

② 具有一个长碳链的季铵盐，其碳链愈长，效果愈好。

③ 对称的季铵离子比具有一个碳链的季铵离子的催化效果好，例如四丁基铵离子比三甲基十六烷基铵离子的催化效果好。

④ 季磷盐的催化性能稍高于季铵盐，季磷盐的热稳定性也比相应的铵盐高。

⑤ 含有芳基的铵盐没有烷基铵盐的催化效果好。

例如相转移法制备扁桃酸是以苯甲醛、氯仿为原料，在催化剂三乙基苄基铵（TEBA）及 50%氢氧化钠溶液存在下进行反应，再经酸化，萃取分离得到。

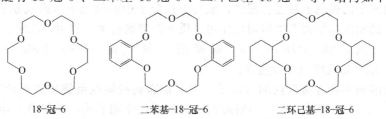

以往多由苯甲醛与氰化钠加成得到腈醇（扁桃腈）再水解制得扁桃酸。该法路线长，操作不便，劳动保护要求高。采用相转移法一步反应即可制得扁桃酸，既避免了使用剧毒的腈化物，又简化了操作，收率亦较高。

又如 β-内酰胺抗生素诺卡霉素 A 的合成，是用 α-溴-α-(对甲氧苯基)-乙酸叔丁酯，粉状氢氧化钠和 TEBA，将单环 β{KG*9-内酰胺烷基化，得到诺卡霉素 A。

（2）冠醚类　冠醚类也称非离子型相转移催化剂。它们具有特殊的络合功能，化学结构特点是分子中具有（YCH₂CH₂）ₙ重复单位，式中 Y 为氧、氮或其他杂原子。由于其形状似皇冠，故称冠醚。冠醚能与碱金属形成络合物，这是由于冠醚的氧原子上的未共享电子对向着环的内侧，当适合于环的大小正离子进入环内，则由于偶极形成电负性的碳氧键和金属正离子借静电吸引而形成络合物。同时，又有疏水性的亚甲基均匀排列在环的外侧，使形成的金属络合物仍能溶于非极性有机介质中。但由于冠醚价格昂贵并且有毒，除在实验室应用外，迄今还没有应用到工业生产中。

常用的冠醚有 18-冠-6、二苯基-18-冠-6、二环己基-18-冠-6 等，结构如下：

（3）非环多醚类　近年来，人们还研究了非环聚氧乙烯衍生物类相转移催化剂，又称为非环多醚或开链聚醚类相转移催化剂，这是一类非离子型表面活性剂。非环多醚为中性配体，具有价格低、稳定性好、合成方便等优点。常见的非环多醚类型有：聚乙二醇 $[HO(CH_2CH_2O)_nH]$、聚乙二醇脂肪醚 $[C_{12}H_{25}O(CH_2CH_2O)_nH]$、聚乙二醇烷基苯醚 $[C_8H_7—C_6H_6—O(CH_2CH_2O)_nH]$。

非环多醚类可以折叠成螺旋形结构，与冠醚的固定结构不同，可折叠为不同大小，可以与不同直径的金属离子络合。催化效果与聚合度有关，聚合度增加，催化效果提高，但总的来说催化效果比冠醚差。

另有报道称章鱼型分子（非环状聚醚）具有可折叠的多醚支链的六取代苯衍生物，这类化合物能定量地提取碱金属苦味酸盐，已用作相转移催化剂。

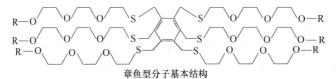

章鱼型分子基本结构

6. 金属催化剂

金属催化剂是以金属为活性组分的催化剂，常见的是周期表中第Ⅷ族金属和ⅠB族金属为活性组分的固体催化剂。如过渡元素 Pd、Rh、Ru、Ir、Co、Pt 等金属及其配合物，常用于催化氢化反应中。

七、溶剂

绝大部分药物合成反应都是在溶剂中进行的。溶剂不仅可以改善反应物料的传质和传热，并使反应分子能够均匀地分布，以增加分子间碰撞、接触的机会，加速反应进程。同时，溶剂也可直接影响反应速率、方向、深度和产物构型等。因此在药物合成中，溶剂的选择与使用是很关键的。

（一）溶剂的定义和分类

溶剂广义上指在均匀的混合物中含有的一种过量存在的组分。工业上所说的溶剂一般是指能够溶解固体化合物（这一类物质多数在水中不溶解）而形成均匀溶液的单一化合物或两种以上组成的混合物。

溶剂有多种分类方法。按沸点高低分，溶剂可分为低沸点溶剂（沸点在 100℃ 以下）、中沸点溶剂（沸点在 100～150℃）、高沸点溶剂（沸点在 150～200℃）。低沸点溶剂蒸发速度快，易干燥，黏度低，大多具有芳香气味，属于这类溶剂的一般是活性溶剂或稀释剂，如二氯甲烷、氯仿、丙醇、乙酸乙酯、环己烷等。中沸点溶剂蒸发速度中等，如戊醇、乙酸丁酯、甲苯、二甲苯等。高沸点溶剂蒸发速度慢，溶解能力强，如丁酸丁酯、二甲基亚砜等。

按溶剂发挥氢键给体作用的能力，可分为质子性溶剂和非质子性溶剂两大类。

质子性溶剂含有易取代氢原子，既可与含负离子的反应物发生氢键结合，产生溶剂化作用，也可与负离子的孤电子对进行配位，或与中性分子中的氧原子（或氢原子）形成氢键，或由于偶极矩的相互作用而产生溶剂化作用。质子性溶剂有水、醇类、乙酸、硫酸、多聚磷酸、氢氟酸-三氟化锑 （HF-SbF$_3$）、氟磺酸-三氟化锑（FSO$_3$H-SbF$_3$）、三氟乙酸 (CF_3COOH) 以及氨或胺类化合物等。

非质子性溶剂不含有易取代的氢原子，主要是靠偶极矩或范德华力而产生溶剂化作用的。介电常数（ε）和偶极矩（μ）小的溶剂，其溶剂化作用亦小，一般将介电常数在 15 以上的称为极性溶剂，15以下的称为非极性溶剂或惰性溶剂。

非质子性极性溶剂具有高介电常数（$\varepsilon > 15 \sim 20$）、高偶极矩（$\mu > 8.34 \times 10^{-30}$ C·m）。非质子性极性溶剂有醚类（乙醚、四氢呋喃、二氧六环等）、卤素化合物（氯甲烷、氯仿、二氧乙烷、四氯化碳等）、酮类（丙酮、甲乙酮等）、硝基烷类（硝基甲烷）、苯系（苯、甲苯、二甲苯、氧苯、硝基苯等）、吡啶、乙腈、喹啉、亚砜类[二甲基亚砜（DMSO）]和酰胺类[甲酰胺、二甲基甲酰胺（DMF）、N-甲基吡咯酮（NMP）、二甲基乙酰胺（DMAA）、六甲基磷酰胺（HMPA）]等。

非质子性非极性溶剂的介电常数低（$\varepsilon < 15 \sim 20$），偶极矩小（$\mu < 8.34 \times 10^{-30}$ C·m），非质子性非极性溶剂又被称为惰性溶剂，如芳烃类（氯苯、二甲苯、苯等）和脂肪烃类（正己烷、庚烷、环己烷和各种沸程的石油醚）。

溶剂的具体分类及其物性常数见表2-4。

表 2-4　溶剂的分类及其物性常数

种类	质子溶剂			非质子传递溶剂		
	名　称	介电常数 ε(25℃)	偶极矩(μ)/(C·m)	名　称	介电常数 ε(25℃)	偶极矩(μ)/(C·m)
极性	水	78.39	1.84	乙腈	37.50	3.47
	甲酸	58.50	1.82	二甲基甲酰胺	37.00	3.90
	甲醇	32.70	1.72	丙酮	20.70	2.89
	乙醇	24.55	1.75	硝基苯	34.82	4.07
	异丙醇	19.92	1.68	六甲基磷酰胺	29.60	5.60
	正丁醇	17.51	1.77	二甲基亚砜	48.90	3.90
				环丁砜	44.00	4.80
非极性	异戊醇	14.70	1.84	乙二醇二甲醚	7.20	1.73
	叔丁醇	12.47	1.68	乙酸乙酯	6.02	1.90
	苯甲醇	13.10	1.68	乙醚	4.34	1.34
	仲戊醇	13.82	1.68	苯	2.28	0
				环己烷	2.02	0
				正己烷	1.88	0.085

（二）溶剂对化学反应速率的影响

早在1890年，Menschuthin在其关于三乙胺与碘乙烷在23种溶剂中发生季铵化作用的经典研究中就已证实：溶剂的选择对反应速率有显著的影响。该反应速率在乙醚中比在己烷中快4倍，比在苯中快36倍，比在甲醇中快280倍，比在苄醇中快742倍。

有机反应按其机理来说，大体可分成两大类：一类是游离基型反应；另一类是离子型反应。游离基型反应一般在气相或非极性溶剂中进行，而在离子型反应中，溶剂的极性对反应的影响常常是很大的。

如碘甲烷与三丙胺生成季铵盐的反应，活化过程中产生电荷分离，因此溶剂极性增强，反应速率明显加快。研究结果表明，其反应速率随着溶剂的极性变化而显著改变。如以正己烷中的反应速率为1，则在乙醚中的相对反应速率为120，在苯、氯仿和硝基甲烷中的相对反应速率分别为37、13000和111000。

$$(C_3H_7)_3N + CH_3I \longrightarrow (C_3H_7)_3N^+CH_3 + I^-$$

（三）溶剂对反应方向的影响

有时同种反应物由于溶剂的不同而产物不同，例如对乙酰氨基硝基苯的铁粉还原反应：

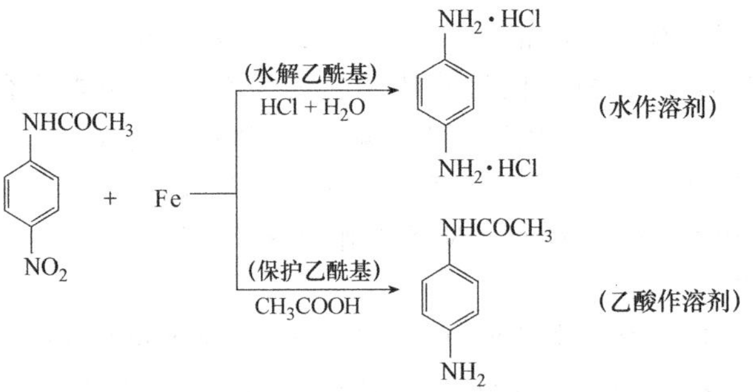

又例如苯酚与乙酰氯进行的傅-克反应（F-C reaction），若在硝基苯溶剂中进行，产物主要是对位取代物；若在二硫化碳中反应，产物主要是邻位取代物。

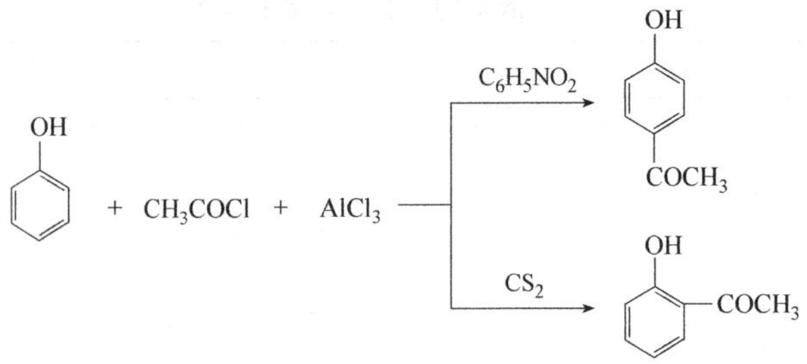

（四）溶剂对产品构型的影响

（1）由于溶剂极性的不同，某些反应产物中顺、反异构体的比例也不同。

$$Ph_3P{=}CHPh + C_2H_5CHO \longrightarrow C_2H_5CH{=}CHPh + Ph_3P{=}O$$

此反应是在乙醇钠存在下进行的维蒂希（Wittig）反应，顺式体的含量随溶剂的极性增大而增加。按溶剂的极性次序（乙醚<四氢呋喃<乙醇<二甲基甲酰胺），顺式体的含量由 31% 增加到 65%。

（2）溶剂的极性不同，也影响酮型-烯醇型互变异构体系中两种构型的含量。

乙酰乙酸乙酯的纯晶中含有 7.5% 的烯醇型物和 92.5% 的酮型物。极性溶剂有利于酮型物的形成，非极性溶剂则有利于烯醇型物的形成。以烯醇型物含量来看，在水中为 0.4%，乙醇中为 10.52%，苯中为 16.2%，环己烷中为 46.4%。随着溶剂极性的降低，烯醇型物含量越来越高。

（五）重结晶溶剂的选择

成品和中间体的精制方法多种多样，液体常用蒸馏、减压蒸馏和精馏，固体用重结晶和柱分离等，其中以重结晶最为常用。应用重结晶法精制或提纯中间体、药物，主要是为了除去由原辅材料和副反应带来的杂质。因此，首先是选择理想的重结晶溶剂。在选择精制溶剂时，应综合考虑溶解度、溶解杂质的能力、脱色力、安全、供应情况和价格、溶剂回收的难易和回收费用等因素。理想的精制用溶剂应对室温下的中间体、成品仅微溶，而在该溶剂的沸点时却相当易溶，同时，还应对杂质有良好的溶解性。

在进行制药工艺优化与研究时，实验室小试常采用尝试误差法进行重结晶溶剂的选择。尝试误差法即用非常少量待结晶的物料以多种溶剂进行试验，选择一种溶剂供重结晶用。这里注意重结晶溶剂的遴选原则：一是勿选用沸点比待结晶的物质熔点还高的溶剂，溶剂的沸点太高时，固体就在溶剂中熔融而不是溶解；二是溶剂的挥发性，低沸点溶剂，可通过简单的蒸馏回收，且析出结晶后，有机溶剂残留很容易去除。例如在生产抗真菌药氟康唑的产品精制中，由于反应除生成 N1-取代物（氟康唑）之外，还产生 N4-取代物的杂质：

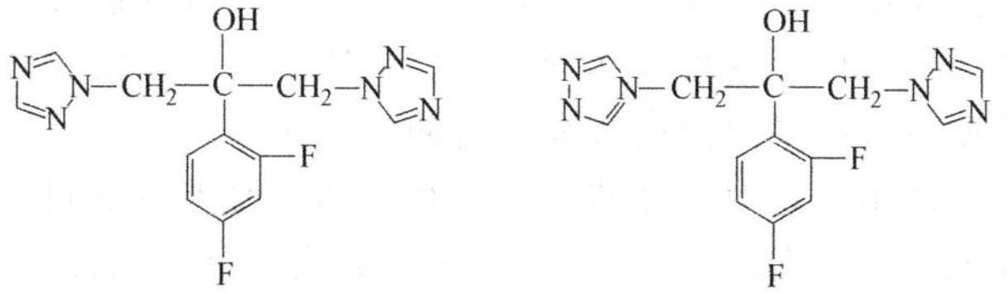

N1-取代物(氟康唑)　　　　　　　N4-取代物(杂质)

测定结果表明，杂质的化学结构与产品的化学结构非常相近，给精制带来了困难。粗品用乙酸乙酯（1∶17）加热溶解后，加入石油醚（与乙酸乙酯之比为 1∶1）析出固体。一次重结晶，HPLC 测定杂质含量一般为 3%～8%，重复多次，每次只能使杂质下降 20%～30%，达到规定（<1.5%）至少需重结晶 3～5 次，因而该方法的成品率低，溶剂消耗高。如果从反应液的后处理入手，先加水稀释（若用不溶于水的反应溶剂则先蒸除），以卤代烷提取，水洗，蒸馏，再用脂肪醇重结晶。该精制方法包括提取和重结晶两步，效果明显。HPLC 测定表明，一次精制品杂质可降至 1% 以下，未发现 1.5% 以上的不合格品。该法避免了使用乙酸乙酯与石油醚（60～90℃）混合溶剂无法回收的缺点，采用单一溶剂，溶剂回收率在 80% 以上。目前，该法已用于生产。

八、pH 值

反应介质的 pH 值（酸碱度）对某些反应具有特别重要的意义。例如对水解、酯化等反应的速率，pH 值的影响是很大的。在某些药品生产中，pH 值还起着决定质量、收率的作用。

例如：硝基苯在中性或微碱性条件下用锌粉还原生成苯羟胺，在碱性条件下还原则生成偶氮苯。

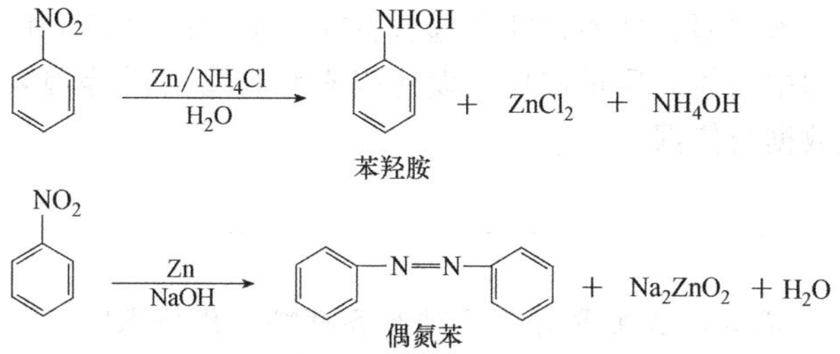

苯羟胺

偶氮苯

氯霉素中间体对硝基-α-乙酰氨基-β-羟基苯丙酮的羟甲基化反应，pH 值是关键性的因素。

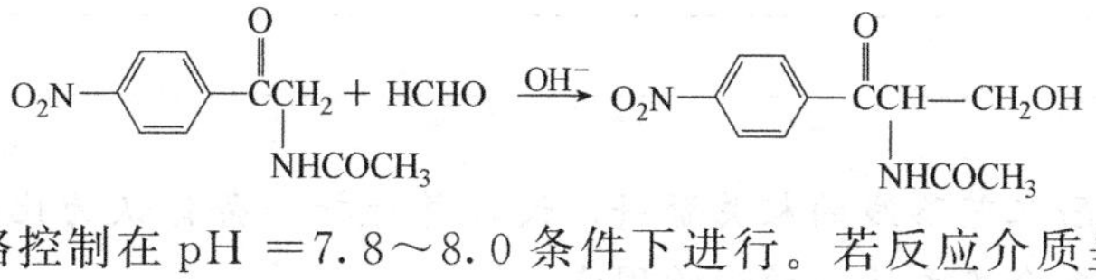

该反应必须严格控制在 pH ＝7.8～8.0 条件下进行。若反应介质呈酸性，则甲醛与乙酸化物根本不起反应；若 pH 过高，大于 8 以上，则引入两个羟甲基，甚至可能进一步脱水形成双键。如果碱性太强，缩合物中另一个 α-氢也易脱去，生成碳负离子，与甲醛分子继续作用，生成双缩合物。在酸性和中性条件下可阻止这一副反应的进行，但 pH 过低，又导致反应不能进行，所以本反应必须保持在弱碱性的条件下进行。

九、搅拌

搅拌是使两个或两个以上反应物获得密切接触机会的重要措施，在化学制药工业中，搅拌很重要，几乎所有的反应设备都装有搅拌装置。搅拌对于互不混合的液-液相反应、液-固相反应、固-固相反应（熔融反应）以及固-液-气三相反应等特别重要。通过搅拌，在一定程度内加速了传热和传质，这样不仅可以达到加快反应速率、缩短反应时间的目的，还可以避免或减少由于局部浓度过大或局部温度过高引起的某些副反应。

如在结晶岗位，晶体不同，对搅拌器的类型和转速的要求也不同。一般说来，要制备颗粒较大的晶体，搅拌的转速要低一些，但也不宜特别低，可选用框式或锚式搅拌器，转速20～60r/min。要制备颗粒较小的晶体，搅拌的转速要高一些，则搅拌器采用推进式，可根据需要来确定转速。

不同的反应要求不同的搅拌器类型和搅拌速度，实验室和工业化生产对搅拌的要求也不一样。工业上的搅拌情况在实验室里不易进行研究，须在中试车间或生产车间中解决。若反应过程中反应物越来越黏稠，则搅拌器类型的选择颇为重要。有些反应一旦开始，必须连续搅拌，不能停止，否则很容易发生安全事故（爆炸）和生产事故（收率降低）。

如应用固体金属雷尼镍（Raney Ni）的催化反应，若搅拌效果不佳，密度大的雷尼镍沉在罐底，就起不到催化作用。又如乙苯硝化时，此反应是强放热反应，为保证硝化过程的安全操作，必须有良好可靠的搅拌装置。混酸是在搅拌下加入到乙苯中去的，因两者互不相溶，搅拌是为使反应物成乳化状态，增加乳化物和混酸的接触。硝化要求搅拌转速均匀，不宜过快，尤其是在间歇硝化反应加料阶段。若转速过慢、中途停止搅拌或搅拌叶脱落导致搅拌失效，很容易因局部物料浓度过高而造成冲料或发生重大安全事故，将是非常危险的。因为两相很快分层而停止反应，当积累过量的硝化剂或被硝化物时，一旦重新搅拌，会突然发生剧烈反应，在瞬间放出大量热，使温度失控而导致安全事故。所以硝化时采用螺旋桨式搅拌器，混酸时采用推进式搅拌器。反应方程式如下：

工业上使用的搅拌器类型、性能特征和选型将在本书后面章节详细介绍。另外，产物分离与精制、原辅材料和中间体的质量监控、设备因素和设备材质等因素也要进行适当研究，为中试放大提供实验数据与依据。

📝 思考题

1. 工艺路线设计的基本方法主要有哪几种？各有哪些优缺点？
2. 工艺路线的选择依据有哪些？
3. 工艺方案选择过程中的影响因素有哪些？应如何控制这些影响因素？

📝 自主设计项目

查阅对乙酰氨基酚工艺路线的相关资料，设计并选择一条你认为比较理想的工艺路线，并分析其工艺方案中各个单元反应的影响因素。

第三章 小试优化生产工艺条件

知识目标

1. 熟悉实验室小试的主要研究内容。
2. 了解实验室小试优化工艺条件的方法。
3. 掌握正交试验优化工艺条件。

能力目标

1. 能进行实验室小试工艺条件的优化。
2. 会用正交试验优化工艺条件，处理实验数据。

第一节　实验室小试过程

当药物的工艺路线与工艺方案初步选定后，就要进入工艺条件探索的第一阶段：实验室小试阶段。主要探讨工艺路线中单元反应原理的可行性、原辅材料的确定过程、反应后处理方法的确定过程、实验室小试过程应达到的要求、小试与工业化生产阶段的区别。

一、原理的可行性

实验室小试是对实验室原有的合成路线和方法进行全面、系统的改进与研究，找出最适宜的反应条件，提高收率。首先要研究化学反应机理，掌握其客观规律，分析工艺路线中所涉及的各个单元反应是否从原理上可行。

在工艺路线中，每个单元反应除发生正反应（主要反应）外，同时还存在副反应，这在有机合成中几乎是不可避免的。对于副反应必须加以控制，尽可能避免其发生，或者尽可能使其缓慢进行。为此，对副反应本身的规律也须认真研究。如对于主要是由于温度过高引起的副反应，必须严格控制反应温度；对于浓度不当引起的副反应，必须调节反应物浓度。总之，要针对发生副反应的主要原因而进行有效的控制。当然，副反应可能不止一个，发生副反应的主要因素也可能不止一个。在这种情况下，应首先找出主要的副反应，然后针对主要副反应本身的规律，控制有关的主要因素。

由于副反应的存在，许多有机反应往往有两个或两个以上的反应同时进行，生成的副产物混杂在主产物中，致使产品质量不合格，有时需要反复精制才能达到质量标准。例如在盐酸氯丙嗪生产中，3-氯二苯胺在碘的催化下与升华硫作用，可以生成主产物 2-氯吩噻嗪和少量副产物 4-氯吩噻嗪，它们都能与 N,N-二甲基氯代丙胺缩合，分别生成氯丙嗪和副产物 4-氯吩噻嗪的衍生物。所得的产品必须反复精制才能合格，使缩合反应收率降低。

为降低终产物分离提纯的难度，提高收率，得到合格产品氯丙嗪，可在实验室小试阶段采取如下措施：①优化环合反应工艺条件，抑制副产物 4-氯吩噻嗪的生成；②在缩合反应前先将副产物 4-氯吩噻嗪除去；③可使用过量的原料 3-氯二苯胺，但是起始物的用量过多，必然会增加成本，在以后中试和生产阶段可采用母液套用的办法来解决这个问题。

二、原辅材料的确定过程

原辅材料是药物生产的物质基础，没有稳定的原辅料供应就不能组织正常的生产。在对所设计或选择的工艺路线以及各步化学反应的工艺条件进行实验研究时，开始时常使用试剂规格的原辅材料（原料、试剂、溶剂等），这是为了排除原辅料中所含杂质的不良影响，从而保证实验结果的准确性。但是当工艺路线确定之后，在进一步考察工艺条件时，就应尽量改用在以后的生产上能得到稳定供应的原辅材料。为此，应考察某些工业规格的原辅材料所含杂质对反应收率和产品质量的影响，制定原辅材料的规格标准，规定各种杂质的允许限度，即进行原辅材料规格的过渡试验。

进行原辅材料规格的过渡试验应把握的原则：

（1）通常实验室采用 CP 级（化学纯）或 AR 级（分析纯）试剂，杂质受到较严格的控制，而工业化生产不可能使用试剂级原料。工业级原料中混入的微量杂质，可能造成催化剂中毒或者催化副反应，也可能影响产品的品质。所以，实验室研究阶段在选择原材料时就必须考虑经济原因。

（2）对原辅材料或试剂的基本要求是利用率高。所谓利用率，即骨架和官能团的利用程度，这又取决于原料和试剂的结构、性质以及所进行的反应。一般原辅材料利用率越高，反应收率越高，且性能优良，副反应少。

（3）考虑原辅材料的价格、供应情况以及安全性能。应根据产品的生产规模，结合各地原辅材料供应情况进行选择。尽量选择廉价的原材料（例如，将硝基还原为氨基的反应，选用铁粉加稀酸作为还原剂，要比使用四氢铝锂等实验室还原剂便宜得多）。国内外各种医药化工原料和试剂目录或手册可为挑选合适的原料和试剂提供重要线索。另外，了解工厂的生产信息，特别是有关药物和重要化工中间体方面的情况，亦对原料选用有很大帮助。在安全性能方面，应尽量选择不易燃、不易爆、无毒或毒性低的原辅材料。如某些药物生产工艺路线中需用乙醚等低沸点、易燃、易爆的有机溶剂，在我国很多地区夏季气温过高时，只得停产。这时可用四氢呋喃、甲苯或混合溶剂替代。

（4）确定原辅材料的最低含量。原辅材料的质量与下一步反应及产品质量密切相关，若对杂质含量不加以控制，不仅影响反应的正常进行和收率的高低，而且影响药品质量和疗效，甚至会危害患者的健康和生命。因此，必须通过实验室的原辅材料过渡试验，制定生产中采用的原料、中间体的质量标准，特别是其最低含量。若原料或中间体含量发生变化，如果继续按原配料比投料，就会造成反应物的配比不符合操作规程要求，从而影响产物的质量或收率，因此必须按照含量计算投料量。若原辅材料来源发生变更，必须严格检验后才能投料。同时，要经常检查度量工具，加强分析检验，做到计量准确，选用质量合格的原辅材料及中间体。

（5）加强原辅材料的回收和综合利用。可采用套用母液（特别是结晶母液）或回收母液中的成品等方法进行回收。有些产品的"下脚废料"经过适当处理后，又可以成为的宝贵原料。

如氯霉素的生产过程中，"混旋氨基物"经拆分后，D-氨基物用于氯霉素的制备，而L-氨基物成为副产物。可将此副产物氧化制成对硝基苯甲酸；还可将其经酰化、氧化、水解处理，再经消旋化得"缩合物"，可在氯霉素的生产过程中循环利用。

混旋氨基物　　　　　　　　　　D-氨基物　　　　　　　　　L-氨基物

三、反应后处理方法的确定过程

一般说来，反应的后处理系指化学反应结束后一直到取得反应产物的整个过程。这里不仅要从反应混合物中分离得到目的产物，而且也包括母液的处理等。它的化学过程较少，而多数为化工单元操作过程，如分离、提取、蒸馏、结晶、过滤以及干燥等。

后处理的方法随反应的性质不同而异。在研究此问题时，首先应摸清反应产物系统中可能存在的物质的种类、组成和数量等（这可通过反应产物的分离和分析化验等工作加以解决），在此基础上找出它们性质上的差异，尤其是主产物或反应目的产物与其他物质相区别的特性。然后，通过实验拟定反应产物的后处理方法，在研究与制定后处理方法时，还必须考虑简化工艺操作的可能性，并尽量采用新工艺、新技术和新设备，以提高劳动生产率，降低成本。

如相转移法制备 dl-扁桃酸，在反应完成后的后处理提纯过程中，可采用减压蒸馏的方法，直接收集其馏分，得 dl-扁桃酸纯品；也可将反应液采用常压蒸馏的方法蒸去乙醚，冷却，得 dl-扁桃酸粗品，再将粗品用甲苯重结晶，抽滤，干燥，得 dl-扁桃酸纯品。后处理方式虽然不同，但均可得到同一产物 dl-扁桃酸。

又如对硝基苯乙酮是氯霉素的中间体，原生产工艺中对硝基苯乙酮的后处理提纯过程是根据反应液的含酸量加入碳酸钠溶液，然后充分冷却，使对硝基苯乙酮结晶析出（图 3-1）。但冷冻析出对硝基苯乙酮结晶的母液仍含有未反应的对硝基乙苯，用亚硫酸氢钠溶液分解除去过氧化物后，进行水蒸气蒸馏，回收对硝基乙苯。但由于受对硝基苯乙酮自身热稳定性的限制，几乎无法对其进行回收。

最近有报道称，对对硝基苯乙酮生产工艺的后处理工序进行改进，采用次氯酸和亚硫酸氢钠代替单一的亚硫酸氢钠处理冷冻析出对硝基苯乙酮结晶的母液，再进行减压蒸馏回收，回收大部分的对硝基乙苯，残渣冷却结晶，－2℃分离，水洗，可回收对硝基苯乙酮，提高收率。

在药物的工艺路线中，有些路线的合成步骤与化学反应并不多，然而后处理的步骤与工序却很多，且较为麻烦。因此，搞好反应的后处理对于提高反应产物的收率，保证药品质量、减轻劳动强度和提高劳动生产率都有着非常重要的意义。为此，必须重视后处理的工作，要认真对待。

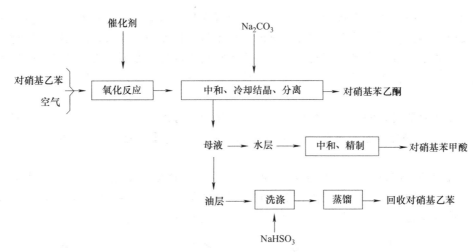

图 3-1 对硝基苯乙酮的原生产工艺

四、实验室小试过程要达到的要求

通过实验室小试过程主要是优化反应条件与产品收率和纯度之间的关系,以获得最佳工艺条件,为实现工业化生产提供有力的实验数据,因此实验室小试过程应达到如下要求:

① 实验室小试收率稳定,质量可靠;
② 反应条件确定,提纯方法可靠,产品、中间体及原料的分析方法已经制定;
③ 某些设备、管道材质的耐腐蚀试验已经进行,并能提出所需的一般设备;
④ 对成品的精制、结晶、分离和干燥的方法及要求已确定;
⑤ 进行小试制备过程的简单物料衡算,"三废"问题已有初步的处理方法;
⑥ 提出所需原料的规格和单耗数量;
⑦ 提出安全生产要求。

五、实验室研究与工业化生产的主要区别

实验室研究与工业化生产的主要区别见表 3-1。

表 3-1 实验室研究与工业化生产的主要区别

比较内容	实验室研究	工业化生产
目的	迅速打通合成路线,确定可行方案	提供大量合格产品,获得经济效益
规模	尽量小,通常按克计	在市场允许下,尽可能大,一般按千克或吨计
总体行为	研究人员层次高,工资比例较大,故希望方便、省事、不算经济账	实用,强调经济指标。人员工资占生产成本比例相对较小
原料	多用试剂进行研究。一般含量在 95% 以上,且往往对杂质含量有严格要求	使用工业级原料,含量相对较低,杂质指标不明确,不严格
基本状态	物料少,设备小,流速低,趋于理想状态	物料量大,设备大,流速高,非理想化。流动性质改变对传热、传质均有影响。对连续式反应器而言,存在"反混"问题,对反应速率影响较大
反应温度及热效应	热效应小,体系热容小,易控制。往往在较恒定的温度下进行反应	热效应大,体系热容大,不易控制,很难达到恒温,有温度波动、温度梯度
操作方式	多为间歇式反应	倾向采用连续化,提高生产能力

续表

比较内容	实验室研究	工业化生产
设备条件	玻璃仪器多为常压,可采用无水、无氧等特殊操作	多在金属和非金属设备中进行,要考虑选材和选型。易实现压力下反应,以改善反应状况。希望在正常条件下进行
物料	很少考虑回收,利用率低。很少研究副反应、副产物	因经济和连续化以及单程转化率低等原因,必须考虑物料回收,循环使用以及副产品联产等问题
三废	往往只要求减少量,很少处理	因三废排放量大,必须考虑处理方法,三废经处理后达标排放
能源	很少考虑	要考虑能源的综合利用

第二节　工艺条件的优化

工艺路线中每一个单元反应的工艺条件都需要优化,都需要做大量实验。为了做最少的实验,得到最好的结果,需要根据科学原理,运用一定的方法来安排实验点,进行必要的试验设计。通过少量次数的实验,比较实验结果,迅速找出使某种指标最优的有关因素值的方法,称为试验最优化,简称优选法。

欲在影响反应的诸多因素中分清主次,就需要通过科学合理的实验设计及优选法。找出影响生产工艺的内在规律以及各因素间的相互关系,找出生产工艺设计所要求的参数,为确定生产工艺提供参考。试验设计及优选方法是以概率论和数理统计为理论基础,安排试验的应用技术。其目的是通过合理地安排试验和正确地分析试验数据,以最少的试验次数,最少的人力、物力,在最短的时间内获得优化生产工艺方案。

试验设计及优选法过程可分为试验设计、试验实施和分析试验结果三个阶段。首先要明确试验目的,即试验追求的指标是什么?要考察的因素有哪些?它们的变动范围如何?其次是进行试验设计,然后按设计好的方案实施实验。最后要对试验结果进行分析,确定所考察的因素哪些是主要的,哪些是次要的。如果试验设计得好,对试验结果分析得法,就能将试验次数减少到最低限度,缩短试验周期,使生产工艺达到优质、高产、污染少、低消耗、高效益的目的。

在制药工艺实验室研究阶段(小试),通常采用单因素平行实验优选法、多因素正交设计优选法和均匀设计优选法。

一、单因素平行试验优选法

单因素平行试验优选法是在其他条件不变的情况下,考察某一因素对收率、纯度的影响。通过设立不同的考察因素平行进行多个反应来优化反应条件,例如在温度、压力和配料比等反应条件固定不变时,研究反应时间对收率的影响。或者在反应时间、温度和压力等反应条件固定不变时,研究配料比对收率的影响等。目前该方法在制药工艺研究中较为常用。单因素试验设计方法,主要有"平分法"、"黄金分割法"等。

二、多因素试验(正交设计、均匀设计)

制药工艺路线的优化是一项既复杂又烦琐的工作。每一个单元反应中投料量多少、催化剂的选择、作用时间、温度、pH 值及搅拌等因素均影响产品的收率和纯度。要考察这些因素对产品的影响情况,实验室常采用多因素正交设计、均匀设计优选法。

多因素正交设计、均匀设计优选法是选定影响反应收率的因子数和欲研究的水平数进行正交设计或均匀设计，按正交设计法或均匀设计法安排实验，既可以达到简化的目的，也具有代表性，不会漏掉最佳反应条件，有助于问题的迅速解决。

正交试验设计法就是用已经建立的表格（即正交表）来安排试验并进行数据分析的方法。正交表是正交试验工作者在长期的工作实践中总结出的一种数字表格。正交表通常采用 $L_n(t^q)$ 的形式表示：

- 水平数
- 正交表列的数目(因子数)
- $L_n(t^q)$
- 正交表行的数目(试验次数)
- 正交表代号

正交设计是在全面试验点中挑选出最具有代表性的点做试验，挑选的点在其范围内具有均匀分散和整齐可比的特点。均匀分散是指试验点均衡地分布在试验范围内，每个试验点有成分的代表性。整齐可比是指试验结果分析方便，易于分析各个因素对目标函数的影响。

1. 正交试验设计法的步骤

正交试验设计法一般有以下 5 步骤：①确定考察的因素数和水平数；②选取适合的正交表；③制定试验方案；④进行试验并记录结果；⑤试验结果计算分析（只进行直观分析）。

2. 实例分析

例如通过正交试验确定重氮化和水解制备维生素 B_6 的最适宜工艺条件。试验目的是搞清楚哪些影响因素对收率有影响，哪些是主要的影响因素，哪些是次要的影响因素，从而确定最佳工艺条件。

维生素 B_6

具体的试验设计步骤如下：

① 确定考察的因素数和水平数　因素数（正交法中称为因子数），在本例中要考察酸的种类、滴加温度、水解温度、氢化物：亚硝酸钠：酸的配料比、氢化物浓度和催化剂六个因素。还应根据专业知识，在所要考察的范围内确定要研究比较的条件（正交表中称之为水平数），即确定各因素的水平数。本例确定的因素水平见表 3-2。

表 3-2　因素水平表

编号	酸的种类	滴加温度/℃	水解温度/℃	氢化物：亚硝酸钠：酸	氢化物浓度	催化剂
1	HCl	68～72	88～92	1：2.32：1.58	原浓度	不加
2	H_2SO_4	88～92	96～98	1：1.80：1.58	浓缩 0.15 倍	加 4%

② 选用适合的正交表　选用正交表时，应使确定的水平数与正交表中因子的水平数一致；正交表列的数目应大于要考察的因子数。所以，本例中选用 $L_8(2^7)$ 为适合的正交表。

③ 制定试验方案　首先进行因子安排，即把所考察的每个因子任意地对应于正交表的各列（一个因子对应一列，不能让两个因子对应同一列），然后把每列的数字"翻译"成所对应因子的水平，这样，每一行的各水平组合就构成了一个试验条件，从上到下就是这个正

交试验的方案，如表 3-3 所示。

表 3-3　正交表 $L_8(2^7)$

编号	酸(A)	滴加温度(B)	配比(C)	催化剂(D)	氢化物浓度(E)	水解温度(F)	质量/g	收率/%
1	1	1	1	1	1	1	11.97	67.85
2	1	1	2	2	2	2	13.00	60.63
3	2	2	1	1	2	2	15.96	74.46
4	2	2	2	2	1	1	12.76	72.35
5	1	2	1	2	2	1	12.53	71.03
6	1	2	2	1	1	2	13.70	63.90
7	2	1	1	2	1	2	13.62	63.52
8	2	1	2	1	1	2	13.58	78.52
K_1	65.85	67.63	69.22	71.18	72.47	66.91		
K_2	72.21	70.44	68.85	66.88	65.63	71.16		
R	6.36	2.81	0.37	4.30	6.84	4.25		

④ 进行试验并记录结果　按设计好的试验方案中所列试验条件严格操作，试验顺序不限，并将试验结果（产品质量和收率）记录在表 3-3 中。

⑤ 计算分析试验结果　表中 K_1 和 K_2 分别表示 1 水平和 2 水平下在单个影响因素下收率的平均值，数据最大者对应的水平数为最佳水平数，即收率最高。本例中的最佳水平组合为：$A_2B_2C_1D_1E_1F_2$。

可用极差 R 的大小来衡量试验中相应因素（因子）作用的大小。当水平数完全一样时，R 大的因素为主要因素，R 小的因素为次要因素。本例中的主要因素为 A（温度）。本例中酸和氢化物浓度的极差 R 较大，分别为 6.36 和 6.84，为影响试验的主要因素，即用硫酸代替盐酸、氢化物原浓度，均使收率提高。其次，催化剂（$R=4.30$）和水解温度（$R=4.25$）对收率的影响也较重要。

为了进一步考察酸（A）、催化剂（D）和滴加时间（G）这三个因素对收率的影响，设计了如表 3-4 所示的正交表。

表 3-4　正交表 $L_4(2^3)$

编号	酸(A)	滴加时间/min (G)	催化剂 (D)	质量/g	收率/%
1	HCl	60	不加	9.46	70.60
2	HCl	30	加7%	9.26	68.96
3	H_2SO_4	60	加7%	9.89	73.81
4	H_2SO_4	30	不加	9.76	72.83
K_1	69.78	72.21	71.72		
K_2	73.32	70.89	71.38		
R	3.54	1.32	0.34		

通过正交试验，维生素 B_6 重氮化及水解最适宜的工艺条件为：

配比   氢化物∶亚硝酸钠∶硫酸＝1.0∶2.0∶1.5

氢化物浓度   原浓度

滴加亚硝酸钠温度   78～82℃

水解温度   96～98℃

催化剂   不加

3. 均匀设计及优选方法

正交设计是广泛用于多因素、多水平的试验设计方法。但是，当某一药物合成工艺的影响因素较多时，试验的次数就比较多。如果合成一个药物时，有 7 个因素水平需要考虑，那么正交设计就至少要做 $7^2=49$ 次试验。而均匀设计所做试验的次数仅与水平数相同，即做 7 次实验即可达到高质量效果。

均匀设计为我国数学家方开泰首创，可适用于多因素、多水平试验设计方法。试验点在试验范围内充分均衡分散，这就可以从全面试验中挑选更少的试验点为代表进行试验，得到的结果仍能反映该分析体系的主要特征。这种从均匀性出发的设计方法，称为均匀设计试验法。

均匀设计与正交设计一样，也需要使用规范化的表格（均匀设计表）设计试验。与正交设计不同的是，均匀设计还要有使用表，设计试验时必须将设计表与使用表联合使用。均匀设计表用 $U_n(t^q)$ 表示：

均匀表 $U_n(t^q)$ 必须与其相应的使用表配套使用。因为均匀设计表的各列是不平等的，当因素的个数不同时，挑选的列也不同；而使用表能确定所选的列数，以确保其实验点的均匀分布。因此，只有均匀设计表与使用表相配套使用时，才能正确地进行均匀设计。$U_5(5^4)$ 的均匀设计表与其配套使用表如表 3-5 和表 3-6 所示。

表 3-5　均匀设计表 $U_5(5^4)$

水平数	因素数			
	1	2	3	4
1	1	2	3	4
2	2	4	1	3
3	3	1	4	2
4	4	3	2	1
5	5	5	5	5

表 3-6　$U_5(5^4)$ 的使用表

因素数	列号
2	1,2
3	1,2,4
4	1,2,3,4

$U_5(5^4)$ 表为五行四列表。行数为水平数（试验次数），列数为安排的最大因素数。如果一个试验按 $U_5(5^4)$ 表安排试验，考察 2 因素时，依据 $U_5(5^4)$ 使用表，选取 1、2 列安排试验；考察 3 因素，选取 1、2、4 列安排试验等。

均匀设计表根据水平数选用，如 5 水平选用 $U_5(5^4)$ 表，7 水平选用 $U_7(7^6)$ 表等。通常均匀设计表试验次数（水平数）均为奇数，当水平数为偶数时，选用比水平数大 1 的奇数表划去最后一行即可。

思考题

1. 以阿司匹林的实验室小试为例，分析在这一小试过程中要研究哪些问题，并简要说明。

2. 实验室小试过程与工业化生产过程有何主要区别？

3. 某药厂生产的阿司匹林中杂质水杨酸酐的含量偏高而直接影响产品出口。为降低杂质的生成量，根据专业知识，已经确定考察的因素和水平为：

A：配料比（物质的量之比）　　A_1　1:1　　　A_2　1:1.5　　A_3　1:2
B：反应温度　　　　　　　　　B_1　65℃　　　B_2　75℃　　　B_3　85℃
C：升温时间　　　　　　　　　C_1　1h　　　　C_2　1.5h　　　C_3　2h
D：保温时间　　　　　　　　　D_1　2h　　　　D_2　4h　　　　D_3　6h

试根据因素和水平选择正交表，并制订正交试验计划，确定最佳工艺条件。

自主设计项目

对你设计并选择的对乙酰氨基酚生产工艺路线进行小试工艺条件的优化，确定最佳工艺条件。

第四章 中试放大优化工艺条件

知识目标

1. 熟悉中试放大的目的与方法。
2. 了解中试放大注意事项。
3. 掌握中试放大的内容与步骤。

能力目标

1. 会进行药物的中试放大操作。
2. 能通过中试放大来优化药物的工艺条件。

第一节　中试放大的方法

中试放大是在实验室小规模生产的工艺路线打通后，采用该工艺在模拟工业化生产的条件下所进行的工艺研究，以验证放大生产后原工艺的可行性，保证研发和生产时工艺的一致性。

中试放大是连接实验室研究和工业化生产的重要部分，是评价原料药制备工艺可行性、真实性的关键，是质量研究的基础，也是降低产业化实施风险的有效措施。

中试放大的目的是验证、复审和完善实验室工艺所研究确定的合成工艺路线是否成熟、合理，主要经济技术指标是否接近生产要求。同时，研究选定的工业化生产设备结构、材质，安装和车间布置等为正式生产提供数据和最佳物料量、物料消耗等，同时也为临床试验和其他深入的药理研究提供充足的药品。

中试放大的方法有经验放大法、数学模拟放大法、关键环节放大法。

一、经验放大法

当放大过程缺乏依据时，只能依靠小规模试验成功的方法和实测数据，加上开发者不断适当加大实验的规模修正前一次试验的参数，摸索化学反应过程和化学反应器的规律。这种放大方法，称为逐级经验放大法。

经验放大法主要凭借经验通过逐级放大（试验装置→中间装置→中型装置→大型装置）来摸索反应器的特征，是目前药物合成工艺研究中采用的主要方法。采用经验放大法的前提条件是放大的反应装置必须与提供经验数据的装置保持完全相同的操作条件。经验放大法适用于反应器的搅拌形式、结构等反应条件相似的情况，而且放大倍数不宜过大，一般每级放大 10～30 倍。

逐级经验放大是经典的放大方法，至今仍常采用。优点是每次放大均建立在实验基础之上，至少经历了一次中试实验工厂，可靠程度高。缺点是缺乏理论指导，对放大过程中存在的问题很难提出解决方法；因放大系数不可能太高，开发周期较长；对同一过程，每次放大都要建立装置，开发成本高。

二、数学模拟放大法

由于实际化工过程的复杂性，即使通过实验，也很难将结果关联成合适的准数方程，试图按数学关系式直接描述化工过程进行放大非常困难。因而，通常努力将实际研究对象合理简化，形成能够反映过程本质的模型。例如，实际连续反应器中的物料流动，如果看成是物料沿反应器轴向的均匀流动和径向的扩散运动的叠加，就可以使问题简化，建立一组相应的数学表达式，即数学模型。

数学模拟放大法又称为计算机控制下的工艺学研究，是利用数学模型来预计大设备的性能，实现工程放大的放大法。此法是在掌握对象规律的基础上，通过合理简化，对其进行数学描述，在计算机上综合，以等效为标准建立设计模型，用小试、中试的实验结果考核数学模型，并加以修正，最终形成设计软件。其优点是费用省，建设快，是今后中试放大技术的发展方向。

数学模拟放大法的基础是建立数学模型。数学模型是描述工业反应器中各参数之间关系的数学表达式。数学模型方法首先将工业反应器内进行的过程分解为化学反应过程与传递过程，在此基础上分别研究化学反应规律和传递规律。化学反应规律不因设备尺寸变化而变化，完全可以在小试中研究；而传递规律与流体密切相关，受设备尺寸影响，因而需在大型装置上研究。数学模型方法在化工开发中有以下几个主要步骤：

① 小试研究化学反应规律；
② 大型试验研究传递过程规律；
③ 用得到的实践数据，在计算机上综合预测放大的反应器性能，寻找最优的工艺条件；
④ 经不断修正最终形成设计软件。

数学模型法以实验为主导，依赖于实验。不仅避免了相似放大法中的盲目性与矛盾，而且能够较有把握地进行高倍数放大，缩短放大周期。

三、关键环节放大法

关键环节放大法只做流程中某几个关键环节的中试放大，一般不必做全工艺流程的中试放大。中试放大采用的装置，可以根据反应条件和操作方法等进行选择或设计，并按照工艺流程进行安装。中试放大也可以在适应性很强的拥有各种规格的中小型反应罐和后处理设备的多功能车间中进行。

此外，微型中间装置的发展也很迅速，即采用微型中间装置替代大型中间装置，为工业化装置提供精确的设计数据。

第二节　中试放大的内容

中试放大不仅要考察工艺可行性、设备类型、产品质量、经济效益、操作人员的劳动强度、生产周期等，还要对车间布置、安全生产、设备投资、生产成本进行分析比较，最后确定工艺操作方法、工序的划分和生产安排。实践中可以根据不同情况，分清主次，有计划、有组织地进行中试放大。

一、工艺路线的复审

一般情况下，单元反应的方法和生产工艺路线应在实验室阶段就基本选定。在中试放大阶段，主要是考核小试提供的合成工艺路线，在工艺条件、设备、原材料等方面是否有特殊要求，是否适合于工业生产。但是当选定的工艺路线和工艺过程在中试放大时暴露出难以克服的重大问题时，就需要复审实验室工艺路线，修正其工艺过程。

例如对乙酰氨基酚中间体对氨基酚的制备。小试研究证实，硝基苯电解还原苯基羟胺（又称苯胲）一步制备对氨基苯酚，收率高，产品质量好，环境污染小，是最适宜工业化生产的方法；但在中试放大的工艺复审中，发现该工艺中铅电极腐蚀严重，电解过程中产生的大量硝基苯蒸气难以排除，电解过程中产生的黑色黏稠状副产物附着在铜网上致使电解电压升高，必须经常拆洗电解槽，以及其他严重影响产品质量、收率的问题，因此目前工业化生产不得不改用催化氢化工艺路线。

二、反应条件的进一步研究

实验室阶段获得的最佳反应条件不一定能符合中试放大要求。为此，中试要验证小试提供的合成工艺路线是否成熟、合理，主要经济技术指标是否接近生产要求。应就其中主要的影响因素如配料比、反应温度、搅拌、加料速度等，进行深入研究，掌握它们在中试装置中的变化规律，以得到更合适的反应条件。

三、设备材质和型号的选择

在实验室研究阶段，大部分的试验是在小型的玻璃仪器中进行，玻璃仪器耐酸碱，耐骤冷骤热，热量传导容易，化学反应过程的传质和传热都比较简单。

中试以上规模生产一般采用不锈钢或搪瓷反应罐，不锈钢反应设备耐酸碱能力差，反应液过酸过碱可能会产生金属离子，因而需研究金属离子对反应的干扰；而搪瓷反应器热量传导较慢，且不耐骤冷骤热，加热和冷却时皆应程序升温或降温，以避免对反应设备的损坏。这些变化会对反应时间、反应温度等质控参数产生影响，应研究重新确定反应条件，并研究这些变化对反应产物收率、纯度的影响。各种化学反应对设备的要求不同，反应条件与设备条件之间是相互联系又相互影响的。有时某种材质对某一化学反应有极大的影响，甚至使整个反应失败。

开始中试放大时应考虑所需各种设备的材质和类型，按小试对各步单元反应和单元操作的内容所进行的腐蚀性实验和对传热的要求，选择各单元反应使用的反应釜材质。一般来说，反应在酸性介质中进行，应采用防酸材料的搪玻璃反应釜；如果反应在碱性介质中进行，则采用不锈钢反应釜；贮存浓盐酸采用玻璃钢贮槽，贮存浓硫酸采用铸铁贮槽，贮存浓硝酸采用铝质贮槽。

例如将对二甲苯、对硝基甲苯等苯环上的甲基经空气氧化成羧基（以冰醋酸为溶剂，以溴化钴为催化剂）时，必须在玻璃或钛质的容器中进行，如有不锈钢存在，可使反应遭到破坏。因此，必要时可先在玻璃容器中加入某种材料，以试验其对反应的影响。

又如，乙苯的硝化反应是多相反应，在搅拌下将混酸加到乙苯中，这里混酸配制的加料顺序与实验室不同。在实验室用烧杯作容器，不产生腐蚀问题，在生产上则必须考虑到这一点。20%～30%的硫酸对铁的腐蚀性最强，而浓硫酸对铁的作用则弱。混酸中浓硫酸的用量要比水多得多，将水加于酸中可大大降低对混酸罐的腐蚀。其次，在良好的搅拌下，水以细流加入浓硫酸中产生的稀释热立即被均匀分散，因此不会出现在实验室时发生的酸沫四溅的现象。

对反应釜的加热或冷却剂类型，应根据反应釜或单元操作所需热传导要求进行选择；按放大系数确定相应设备的容量，选定反应釜和各单元操作设备型号。反应釜传热面积应当满足工艺要求，必要时应在反应釜内设置列管或蛇管的方式来调整传热面积。

四、搅拌器类型和搅拌速度的考察

药物合成反应很多是非均相的，且反应热效应较好。在小试时由于物料体积小，搅拌效果好，传热传质问题不明显；但在中试放大时，由于搅拌效率的影响，传热、传质问题就显露出来。因此，必须根据物料性质和反应特点，注意搅拌形式和搅拌速度对反应的影响规律，以便选择合乎要求的搅拌器和确定适宜的搅拌速度。正确选择搅拌器的类型和速度，不仅能使反应顺利进行，提高收率，而且还有利于安全生产；如果选择不当，不仅产生副反应，降低收率，还可能发生安全事故和生产事故。

例如，乙苯的硝化反应是多相反应，在搅拌下将混酸加到乙苯中，混酸与乙苯互不相溶，搅拌非常重要，加强搅拌可增加二者接触面积，加速反应。

搅拌器类型选定后，关于搅拌速度对产品生产的影响，要进行实验研究，才能选择最佳搅拌速度，有时会采用变速搅拌。

例如，雷尼镍加氢催化反应，多数采用框式搅拌器，转速一般为 60r/min，能均匀推动沉淀在罐底的金属镍翻动，使其充分与还原物接触，从而达到充分还原的目的。

又如，在结晶岗位，晶体不同，对搅拌器的类型和转速要求也不同：①希望晶体大的，搅拌器采用框式或锚式，转速 20～60r/min；②希望晶体小的，则搅拌器采用推进式，转速可根据需要来确定。

五、工艺流程和操作方法的确定

中试放大阶段由于处理物料增加，因而必须考虑如何使反应与后处理的操作方法适应工业生产的要求，特别要注意缩短工序，简化操作，研究采用新技术、新工艺。在加料方法和物料输送方面应考虑减轻劳动强度，尽可能采用自动加料和管道输送，以提高劳动生产率，从而最终确定生产工艺流程和操作方法。

六、进行物料衡算

当各步反应条件和操作方法确定之后，要进行物料衡算。通过物料衡算，掌握各反应原料消耗和收率，找出影响收率的关键点，以便解决薄弱环节，挖掘潜力，提高效率，为副产物的回收与综合利用、"三废"的防治提供数据等。

七、原材料、中间体的物理性质和化工常数的测定

为了解决生产工艺和安全措施中的问题，必须测定某些物料与中间体的性质和化工常数，如熔点、沸点、爆炸极限、黏度等。如 N,N-二甲基甲酰胺（DMF）与强氧化剂以一定比例混合时可引起爆炸，必须在中试放大前和中试放大时对 DMF 的物理性质和安全防护数据进行详细考察。

八、原辅材料、中间体质量标准的制定

《药品生产质量管理规范》（2010 年新版）第一百零二条中明确规定：药品生产所用的原辅料、与药品直接接触的包装材料应当符合相应的质量标准。药品上直接印字所用油墨应当符合食用标准要求。进口原辅料应当符合国家相关的进口管理规定。这就意味着药品生产

所需的原辅材料和包装材料等必须有质量标准。质量标准可以分为法定标准、行业标准、企业标准。

药品 GMP 规定，无任何标准的物料不得用于原料药生产，质量管理部门应制定和修订物料、中间产品和产品的内控标准和检验操作规程，应制定取样和留样制度。因此，应根据中试研究的结果制定或修订原辅材料、中间体和成品的质量标准，以及分析检验方法。

一般来说，内控标准应重点考虑以下几个方面：

① 对名称、化学结构、理化性质要有清楚的描述。

② 要有具体的来源，包括生产厂家和简单的制备工艺。

③ 提供证明其含量的数据，对所含杂质情况（包含有毒溶剂）进行定量或定性的描述。

④ 对于不符合内控标准的原料或试剂，应对其精制方法进行研究，这样有利于对工艺和终产品的质量进行控制。

⑤ 如果需要采用原料或试剂进行特殊反应，对其质量应有特别的要求。如：对于必须在干燥条件下进行的反应，需要对起始原料或试剂中的水分含量进行严格的要求和控制。

九、消耗定额、原材料成本、操作工时与生产周期等的确定

消耗定额是指生产 1kg 成品所消耗的各种原材料的质量（以千克计）；原料成本一般是指生产 1kg 成品所消耗各种物料价值的总和；操作工时是指完成各步单元操作所需的时间（以小时计），包括工艺操作时间和辅助时间；生产周期是指从本产品（成品或中间体）的第一个岗位备料起到成品（中间体）入库（交下工段）的各个单元操作工时的总和（以工作天数计）。

消耗定额、原料成本、操作工时与生产周期等技术经济指标是药品生产管理和技术管理极为重要的部分，通过初步对各中间体、产品进行技术经济指标的计算和分析，可以了解生产技术水平，指导实际生产，提高经济效益。

十、安全生产与三废防治措施的研究

中试阶段，物料处理量增大，安全生产与"三废"问题就显得尤为重要。在原料药制备研究的过程中，"三废"的处理应符合国家对环境保护的要求，在中试工艺研究中需考虑工艺过程中产生的"三废"排放量，结合生产工艺制定合理的"三废"处理方案，对剧毒、易燃、易爆的废弃物应提出具体的处理方法。

第三节 中试放大的步骤

中试生产的原料药要符合《药品生产质量管理规范》（GMP），产品的质量和纯度要达到药用标准。原料药和中间体的中试放大的工作步骤如下：

① 依据小试操作步骤和配料比进行小试物料衡算，物料衡算要包括原材料消耗（包括回收溶剂的回收估算）和生产成本估算。确定中试工艺流程：配料比、操作步骤、反应影响因素、设备选型、安全防护等。

② 依据流程图和中试工艺进行中试工艺装置的设计，依据工艺设计图进行设备布置，按工艺流程进行设备安装和调试。

③ 在设备完备的情况下，依据小试操作步骤和流程来编制中试工艺规程（试行）和岗位操作规程（试行）。

④ 配合车间人员的操作培训，进行中试试车。中试试车的一般原则是先分步进行，考察每步操作和试车情况，然后再综合试车。

⑤ 开始正式实验。正式实验过程中要考察的项目主要有：

a. 验证工艺，稳定收率；

b. 验证小试所用操作；

c. 确定产品精制方法；

d. 验证溶剂回收套用等方案；

e. 验证工业化特殊操作过程；

f. 详细观察各步反应热效应；

g. 确定安全性措施。

⑥ 撰写中试研究总结报告。

中试放大研究阶段完成以后，在中试研究总结报告的基础上，提出工业化生产工艺方案，并确定大生产工艺流程。同时，根据国家下达的该产品的生产任务书进行基建设计，制订定型设备的选购计划，进行非定型设备的设计、制造，然后按照施工图进行生产车间的厂房建筑和设备安装。在全部生产设备和辅助设备安装完成后，如试车合格和短期试生产稳定，即可制定生产工艺规程，交付生产。

📝 **思考题**

1. 简述中试放大的方法。

2. 中试放大主要研究哪些内容？

3. 中试放大包括哪些步骤？

📝 **自主设计项目**

结合本章内容对已进行小试优化的对乙酰氨基酚工艺路线进行中试放大，优化其工艺条件。

第五章 工艺流程设计

第一节　工艺流程概述

工艺流程设计是工艺设计的核心。工艺流程设计的成品通过图解形式形象、具体地表示，工艺流程图反映了制药化工生产由原料到产品的全部过程，即物料和能量的变化、物料的流向以及生产中所经历的工艺过程和使用的设备仪表。工艺流程图集中地概括了整个生产过程的全貌。

工艺流程设计可分为两类，即生产工艺流程设计和试验工艺流程设计。对工艺技术比较成熟的产品，如国内已经大量生产的产品、技术比较简单的产品以及中试成功需要通过设计实现工业化生产的产品，其工艺流程设计一般属于生产工艺流程设计；而对仅有文献资料、尚未进行试验和生产、技术比较复杂的产品，其工艺流程设计一般属于试验工艺流程设计。

一、工艺流程设计的作用

工艺流程设计是工程设计中最重要、最基础的设计步骤，对后续的物料衡算、工艺设备设计、车间布置设计和管道布置设计等单项设计起着决定性的作用，并与车间布置设计一起决定着车间或装置的基本面貌。

工艺流程设计是在确定原料路线和工艺技术路线的基础上进行的。它是整个工艺设计的中心。由于在整个设计中，设备选型、工艺计算、设备布置等工作都与工艺流程有直接关系，只有流程确定后，其他各项工作才能开展。工艺流程设计涉及各个方面，而各个方面的变化又反过来影响工艺流程设计，甚至使流程发生较大的变化。因此，工艺流程设计动手最早，又结束最晚。设计人员在设计工艺流程时，要做到认真仔细，反复推敲，努力设计出技术上先进可靠、经济上合理可行的工艺流程。

二、工艺流程的设计原则

工艺流程的设计原则：选择先进、可靠的工艺技术路线，进行工艺流程方案比较，制定合理的工艺流程方案，选取合适的工艺设备，通过工艺单元操作的设计达到装置要求的设计能力和产品质量，同时还需考虑工艺方案优化，以降低原材料消耗和能源消耗，对废物综合利用、处理，尽可能减少三废排放，实现文明、清洁、环保的生产。

依据开发的技术选择合适的工艺路线，边设计边进行工艺工程方案的优化，最终完成工艺设计。

三、工艺流程设计的任务

生产路线选定之后，即可进行工艺流程设计。工艺流程设计主要包括两个方面内容：

① 确定生产流程中各个生产过程的具体内容、顺序和组合方式。

② 绘制工艺流程图，以图解的形式表示生产过程，当原料经过各个单元操作过程制得产品时，物料和能量发生的变化及其流向，以及采用哪些制药过程和设备，再进一步通过图解形式表示出制药管道流程和计量控制流程。

当然，为了使设计出来的工艺流程实现优质、高产、低消耗和安全生产，应注意以下问题：确定整个工艺流程的组成；确定每个过程或工序的组成；确定操作条件；确定控制方案，选用合适的设备及控制仪表；合理利用原料及能量；制定"三废"的治理方法；制定安全生产措施。

四、工艺流程设计步骤

生产工艺流程设计牵涉面很广，其目的是把各个生产过程按一定的顺序和要求有机地组合起来，进而绘出生产工艺流程图来指导设备的安装和指导生产操作。工艺流程设计是一项非常复杂而细致的工作，一般都要经过由浅入深、由定性到定量、反复推敲和不断完善的过程。工艺流程设计的一般步骤：

1. 工艺路线的选择

一种产品往往存在若干种不同的工艺路线，应从工业化实施的可行性、可靠性和先进性的角度，对各工艺路线进行全面细致的分析和研究，并确定一条最优的工艺路线，作为工艺流程设计的依据。一些实验室小试中的工艺路线常常因为解决不了工业化时的关键设备或难以满足所需的操作条件或参数，而不能实现工业化。选择工艺路线时应考虑：①技术先进性，指所选择的生产方法和工艺流程应具有时代先进性并且成熟可靠，对于尚在试验阶段的新技术、新工艺、新设备应慎重对待；②经济合理性，主要指产品成本、消耗定额和劳动生产率等方面的内容，应选择物料损耗小、循环量少、能耗少和回收利用好的生产方法。

在选择合适的工艺路线后，一般要边设计边进行工艺工程方案的优化，最终完成工艺设计。

2. 确定工艺流程的组成和顺序

根据选定的工艺路线，确定工艺流程的组成，包括全部单元反应和单元操作，并明确各单元反应和单元操作的主要设备及其主要工艺参数。在此基础上，确定各设备之间的连接顺序，以及载能介质的技术规格和流向。

3. 确定操作条件与工艺方案

确定整个生产工序或每台设备的各个不同部位要达到和保持的操作条件和基本操作参数（如温度、压力、浓度等）。工艺方案符合相关技术标准和设计规范，其中精烘包工序符合GMP规范，实现原料和能量消耗降低、产品质量以及生产潜力提高，同时，保证生产过程的安全和环境改善，对环境的有害影响减少。

4. 绘制工艺流程图

当操作条件与工艺方案确定后，就可以依次绘制工艺流程框图、工艺流程示意图、物料流程图和带控制点的工艺流程图。

第二节　工艺流程设计技术

工艺流程设计是一个比较烦琐的过程，会涉及许多技术问题，如：工艺流程方案比较，单元操作的合理设计，生产方式的选择，设备的选型与利用率，物料的回收与套用，能量的回收与利用，仪表和控制方案的选择和安全技术问题等。

一、工艺流程方案比较

工艺流程设计中的方案比较实际是过程优化，可以采用人工比较法和计算机比较法。对于给定的工艺路线，工艺方法所规定的基本操作条件或参数，如反应温度、压力、流量、流速等，设计人员是不能随意改变的。为实现工艺所规定的基本操作条件或参数，设计人员往往可以采用不同的技术方案，此时，应通过方案比较来确定一条最优的技术方案，进行工艺流程的设计。

例如，生产过程中有多种生产方式，可以采用连续生产，也可以采用间歇生产，还可以采用连续和间歇生产相组合的联合生产方式，但哪一种生产方式最好，需通过方案比较才能确定。又如，对于液-固混合物的分离，可以选用的分离方法很多，如重力沉降、离心沉降等，但哪一种分离方法最好，也要通过方案比较才能确定。再如，在间壁传热设计中，可以选用的换热器类型很多，如列管式、夹套式等，但哪一种类型最佳，同样需要通过方案比较才能确定。

一个优秀的工程设计只有在多种方案的比较中才能产生。进行方案比较首先要明确评判标准，工程上常用的判据有产物收率、原材料单耗、能量单耗、产品成本、工程投资等。此外，也要考虑环保、安全、占地面积等因素。进行方案比较的基本前提是保持原始信息不变。这里应强调指出，过程的操作参数（如温度、压力、流速、流量等原始信息），设计者是不能变更的。设计者只能采用各种工程手段和方法，保证实现工艺规定的操作参数。

例 5-1　在药品精制中，常先用溶剂溶解粗品，然后加入活性炭脱色，最后再滤除活性炭等固体杂质。假设溶剂为低沸点易挥发溶剂，试确定适宜的过滤流程。

选定过滤速度和溶剂收率为方案比较的评判标准。

方案一：常压过滤方案，其工艺流程如图5-1所示。

采用常压过滤方案虽可滤除活性炭等固体杂质，但过滤速度较慢，因而不宜采用。

方案二：真空抽滤方案，其工艺流程如图5-2所示。

该方案采用真空抽滤方式，过滤速度明显加快，从而克服了方案一过滤速度较慢的缺陷，但由于出口未设置冷凝器，因而易造成大量低沸点溶剂的挥发损失，使溶剂的收率下降，故该方案不太合理。

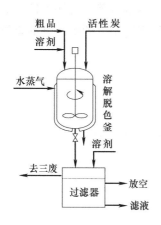

图 5-1　常压过滤方案

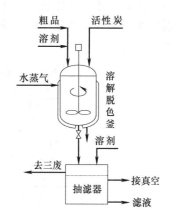

图 5-2　真空抽滤方案

方案三：真空抽滤-冷凝方案，其工艺流程如图 5-3 所示。

同方案二相比，该方案在出口设置了冷凝器，以回收低沸点溶剂，从而减少了溶剂的挥发损失，提高了溶剂的收率，因而较为合理。

方案四：加压过滤方案，其工艺流程如图 5-4 所示。

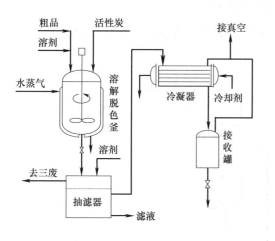

图 5-3　真空抽滤-冷凝方案

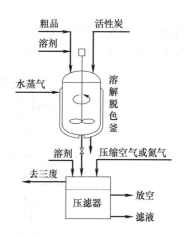

图 5-4　加压过滤方案

该方案是在压滤器上部通入压缩空气或氮气，即采用加压过滤方式，过滤速度快，且溶剂的挥发损失很少，因而较为合理。

可见，为了减少低沸点溶剂热过滤时的挥发损失，一般应采用加压过滤，而不宜采用真空抽滤。若一定要采用真空抽滤，则在流程中必须考虑冷却回收装置。

例 5-2　用混酸硝化氯苯制备混合硝基氯苯。已知混酸的组成为：HNO_3 47%、H_2SO_4 49%、H_2O 4%；氯苯与混酸中 HNO_3 的物质的量之比为 1:1.1；反应开始温度为 40~55℃，并逐渐升温至 80℃；硝化时间为 2h；硝化废酸中含硝酸小于 1.6%，混合硝基氯苯含量为获得混合硝基氯苯量的 1%。试通过方案比较，确定适宜的硝化及后处理工艺流程。

选定混合硝基氯苯的收率以及硫酸、硝酸及氯苯的单耗作为方案比较的评判标准。

方案一：硝化-分离方案。该方案将分离后的废酸直接出售，其工艺流程如图5-5所示。

该方案将分离后的废酸直接出售，这一方面要消耗大量的硫酸，使硫酸的单耗居高不下；另一方面，由于废酸中还含有未反应的硝酸以及少量的硝基氯苯，直接出售后不仅使硝酸的单耗增加，混合硝基氯苯的收率下降，而且存在于废酸中的硝酸和硝基氯苯还会使废酸的用途受到限制。

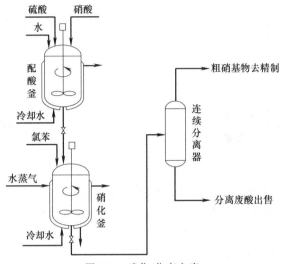

图5-5 硝化-分离方案

方案二：硝化-分离-萃取方案。为克服方案一的缺点，方案二在硝化-分离之后，增加了一道萃取工序，其工艺流程如图5-6所示。

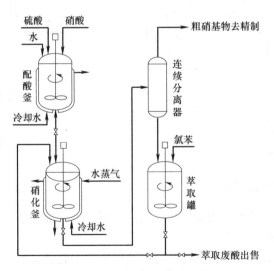

图5-6 硝化-分离-萃取方案

在方案二中，将氯苯和硝化废酸加入萃取罐后，硝化废酸中残留的硝酸将继续与氯苯发生硝化反应，生成硝基氯苯，从而回收了废酸中的硝酸，降低了硝酸的单耗。同时，生成的混合硝基氯苯与硝化废酸中原有的混合硝基氯苯一起进入氯苯层，从而提高了混合硝基氯苯的收率。

与方案一相比，采用方案二可降低硝酸的单耗，提高混合硝基氯苯的收率。但在方案二的萃取废酸中仍含有 1.2%～1.3% 的原料氯苯（参见图 5-6 和 5-7），将其直接出售，不仅使硫酸的单耗居高不下，而且会增加氯苯的单耗。此外，存在于废酸中的氯苯也会使废酸的应用范围受到限制。

方案三：硝化-分离-萃取-浓缩方案。为克服方案二的不足，方案三在萃取之后，又增加了一道减压浓缩工序，其工艺流程如图 5-7 所示。

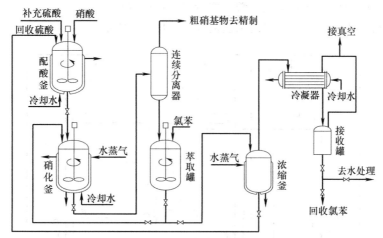

图 5-7　硝化-分离-萃取-浓缩方案

与方案二相比，方案三增加了废酸的浓缩工序，萃取后的废酸经减压浓缩后可循环使用，从而大大降低了硫酸的单耗。同时，由于氯苯与水可形成低共沸混合物，浓缩时氯苯将随水一起蒸出，经冷却后可回收其中的氯苯，从而降低了氯苯的单耗。

可见，若以混合硝基氯苯的收率以及硫酸、硝酸和氯苯的单耗作为方案比较的评判标准，方案三为最佳，方案二次之，方案一最差。

二、单元操作的合理设计

产品的生产过程都是由一系列单元操作或单元反应过程所组成的。在工艺流程设计中，常以单元操作或单元反应为中心，建立与之相适应的工艺流程。

例 5-3　工业生产中，硝化混酸的配制常在间歇搅拌釜中进行，试以搅拌釜为中心，完善硝化混酸配制过程的工艺流程。

在实验室配制硝化混酸的过程非常简单，只要用烧杯作容器，按规定的配比将浓硫酸以细流缓慢加入水中，并不断用玻璃棒搅拌，再将硝酸加入烧杯中，并用玻璃棒搅拌均匀即可。但工业混酸的配制过程就不那么简单了，不但混酸过程不用水，而且加料次序不同，同时还需要考虑一系列互相关联的因素：

第一，配制混酸需有一台搅拌釜，并考虑到混酸配制过程是一个放热过程，还需要有控温的装置，搅拌釜可带有夹套，以便操作时在夹套中通入冷却水冷却。

第二，混酸配制采用间歇操作，为保证硫酸与硝酸的配比，应设置硫酸计量罐和硝酸计量罐。

第三，在工业生产中，为节约成本和物料的回收套用，在配制一定浓度的混酸时，通常并不加水调节，而是用硝化后回收的废酸来调节。因此，还应设置废酸贮罐（贮存硝化后回收的废酸）和废酸计量罐。

第四，配制硝化混酸所用的原料硫酸和硝酸须有一定的贮存量，因此，要设置硫酸贮罐和硝酸贮罐。

第五，实验室配制硝化混酸时，按规定的配比将浓硫酸以细流缓慢加入水中，并不断用玻璃棒搅拌，再将硝酸加入烧杯中，用玻璃棒搅拌均匀即可。但在配制工业混酸时加料次序不同，需要考虑将硫酸、硝酸和废酸由贮罐送入计量罐的方式。如采用泵输送时，则应设置相应的送料泵。此外，为防止工作人员失误使硫酸、硝酸或废酸溢出计量罐，可在计量罐和贮罐之间设置溢流管。

第六，为了贮存配制好的硝化混酸，应设置相应的混酸贮罐。

最后设计出工业混酸配制过程的工艺流程，如图 5-8 所示。

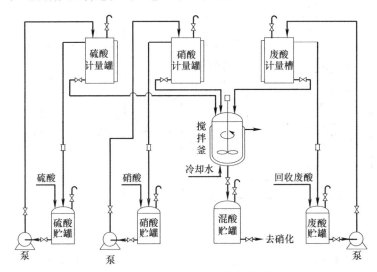

图 5-8　混酸配制过程的工艺流程示意图

工业化的过程是非常复杂的，在实验室仅需几只玻璃瓶和几台普通仪器、设备即可完成的过程，在实现工业化时因要考虑一系列互相关联的因素而变得非常复杂。因此，我们要合理设计各个单元操作，完善工艺流程。

三、生产方式的选择

产品的生产方式有很多种，可以采用连续生产、间歇生产或联合生产方式。最终采用哪一种生产方式较为适宜，可通过方案比较来确定。

连续生产方式具有生产能力大、产品质量稳定、易实现机械化和自动化、生产成本较低等优点。因此，当产品的生产规模较大、生产水平要求较高时，应尽可能采用连续生产方式。但连续生产方式的适应能力较差，装置一旦建成，要改变产品品种往往非常困难，有时甚至要较大幅度地改变产品的产量也不容易实现。

药品生产一般具有规模小、品种多、更新快、生产工艺复杂等特点，而间歇生产方式具有装置简单、操作方便、适应性强等优点，尤其适用于小批量、多品种的生产，因此，间歇生产方式是制药工业中的主要生产方式。

联合生产方式是一种组合生产方式，其特点是产品的整个生产过程是间歇的，但其中的某些生产过程是连续的，这种生产方式兼有连续生产方式和间歇生产方式的优点。

在制药工业中，全过程采用连续生产方式的并不多见，绝大多数采用间歇生产方式，少数采用联合生产方式。

四、设备的选型与利用率

产品的生产过程都是由一系列单元操作或单元反应过程所组成的，在工艺流程设计中，保持各单元操作或单元反应设备之间的能力平衡，合理进行设备选型，提高设备利用率，是设计者必须考虑的技术问题。

合理的工艺流程，各工序的处理能力应相同，各设备均满负荷运转，无闲置时间。由于各单元操作或反应的操作周期可能相差很大，要做到前一步操作完成，后一步设备刚好空出来，往往比较困难。为实现主要设备之间的衔接和能力平衡，常采用中间贮罐进行缓冲。

五、物料的回收与套用

充分考虑物料的回收与套用，以降低原辅材料消耗，提高产品收率，是降低产品成本的重要措施。例如，在用混酸硝化氯苯制备混合硝基氯苯的工艺流程设计中，在硝化-分层之后增加一道萃取工序（见例5-2中的方案二），既回收了硝化废酸中未反应的硝酸，又提高了硝基氯苯的收率。同时，为降低硫酸的单耗，在萃取之后又增加了一道浓缩工序（见例5-2中的方案三），并用回收的硫酸配制硝化混酸，从而大大降低了硫酸的单耗，另外，还可回收氯苯，降低氯苯的单耗。

六、能量的回收与利用

提高能量利用率，降低能量单耗，是降低产品成本的又一重要措施。例如，在硝化混酸配制的工艺流程（见图5-8）设计中，为减少输送物料的能耗，可将计量罐布置在最上层，搅拌釜居中，贮罐布置在底层。这样，硫酸、硝酸和废酸由泵输送至相应的计量罐后，可借助于重力流入搅拌釜，配制好的混酸再借助于重力流入混酸贮罐。

七、仪表和控制方案的选择

仪表和自控水平的高低在很大程度上反映了制药企业的技术水平。现代制药企业对仪表和自控水平的要求越来越高，在工艺流程设计中，对需要控制的工艺参数如温度、压力、浓度、流量、流速、pH值、液位等，都要确定适宜的检测位置、检测和显示仪表以及控制方案。

八、安全技术问题

在药品生产中，所用的物料常常是易燃、易爆或有毒的物质，因此安全问题十分重要。在工艺流程设计中，对所设计的设备或装置在开车、停车、检修、停水、停电正常运转以及非正常运转情况下可能产生的各种安全问题，应进行认真而细致的分析，制定出切实可靠的安全技术措施。

例如，在强放热反应设备的下部可设置事故贮槽，其内贮有足够数量的冷溶剂，遇到紧急情况时可将反应液迅速放入事故贮槽，使反应终止或减弱，以防发生事故；在含易燃、易爆气体或粉尘的场所可设置报警装置；对可能出现超压的设备，可根据需要设置安全水封、安全阀或爆破片；当用泵向高层设备中输送物料时可设置溢流管，以防冲料；在低沸点易燃液体的贮罐上可设置阻火器，以防火种进入贮罐而引起事故；对可能产生静电火花的管道或设备，应设置可靠的接地装置；对可能遭受雷击的管道或设备，应设置相应的防雷装置，当设备内部的液体可能冻结时，其最底部应设置排空阀，以便停车时排空设备中的液体，从而避免设备因液体冻结而损坏等。

第三节　工艺流程图

把各个生产单元按照一定的目的要求，有机地组合在一起，形成一个完整的生产工艺过程，并用图形描绘出来，即是工艺流程图。工艺流程图是以图解形式表示的工艺流程，在工艺流程设计的不同阶段，工艺流程图的深度是不同的。工艺流程图形象地反映了制药化工生产由原料进入系统到产品输出的全过程，其中包括：物料和能量的变化、物料的流向、产品生产所经历的工艺过程和使用的设备仪表。在通常的两阶段设计中，初步设计阶段需绘制工艺流程框图、工艺流程示意图、物料流程图和带控制点的工艺流程图；在施工图设计阶段需绘制施工阶段带控制点的工艺流程图。

一、工艺流程框图

工艺流程框图是用文字或框图形式来表明物料、设备的名称，并以箭头方式表明物料的流向。它只是定性地标出由原料转化成产品的路线、流向顺序以及生产中采用的工艺过程和设备。

工艺流程框图是在工艺路线和生产方法确定之后，物料衡算开始之前，表示生产工艺过程的一种定性图纸，可用方框、文字和箭头等形式定性表示出由原料变成产品的路线和顺序，绘制出工艺流程框图，它是最简单的工艺流程图。

在设计工艺流程框图时，首先要对选定的工艺路线和生产方法进行全面而细致的分析和研究。在此基础上，确定出工艺流程的全部组成和顺序。图 5-9 是阿司匹林的生产工艺流程框图，图 5-10 是对乙酰氨基酚的生产工艺流程框图。

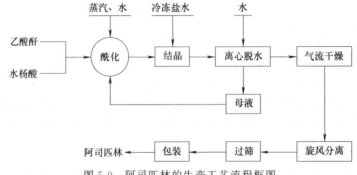

图 5-9　阿司匹林的生产工艺流程框图

二、工艺流程示意图

工艺流程示意图又称方案流程图或流程草图，是用来表达整个工厂或车间生产流程的图样，是一种示意性的从左至右的展开图。它是设计开始时供工艺方案讨论常用的流程图，是工艺流程图设计的依据。它只是定性地标出由原料转化成产品的变化、流向顺序以及生产中采用的各种化工单元及设备。

在工艺流程框图的基础上，分析各过程的主要工艺设备，在此基础上，以图例、箭头和必要的文字说明定性表示出由原料变成产品的路线和顺序，绘制出工艺流程示意图。

图 5-11 是阿司匹林的生产工艺流程示意图。图中各单元操作和单元反应过程的主要工艺设备均以图例（即设备的几何图形）来表示，物料和载能介质的流向以箭头来表示，物料、载能介质和工艺设备的名称以文字来表示。

三、物料流程图

工艺物料流程图是在物料衡算和热量衡算完成后绘制，是以图形与表格相结合的形式来反映物料衡算和热量衡算的结果。它是初步设计阶段的设计成品，是最重要、最本质、最基础的图纸。

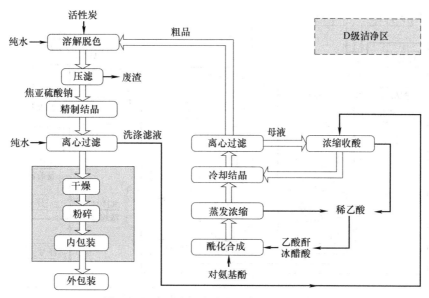

图 5-10　对乙酰氨基酚的生产工艺流程框图

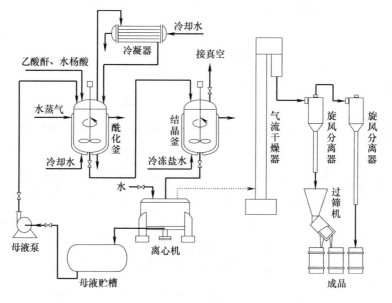

图 5-11　阿司匹林的生产工艺流程示意图

当工艺流程示意图确定之后，即可进行物料衡算、能量衡算和设备的工艺计算。在此基础上，可绘制出物料流程图。此时，设计已由定性转入定量。

物料流程图可用不同的方法绘制。最简单的方法是将物料衡算和能量衡算结果直接加进工艺流程示意图中，得到物料流程图。图 5-12 是氯苯硝化制备硝基氯苯的物料流程图。

四、带控制点的工艺流程图

带控制点的工艺流程图是一个工程项目工程设计的指导性文件，也是设计施工的重要依据之一。

初步设计阶段带控制点的工艺流程图是在物料流程图的基础上，加上设备、仪表、自控、管路等设计结果设计而成，并作为正式设计成果编入初步设计文件中。

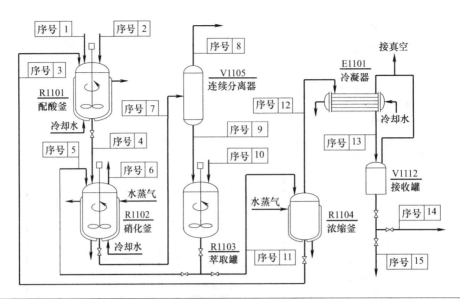

序 号	物料名称	流量/(kg·h)					
		HNO₃	H₂SO₄	H₂O	氯苯	硝基氯苯	总计
1	补充硫酸		2.4	0.2			2.6
2	硝酸	230		4.7			234.7
3	回收废酸		237.6	14.7			252.3
4	配制混酸	230	240	19.6			489.6
5	萃取氯苯				403.4	18.7	422.1
6	硝酸损失	2.3					2.3
7	硝化液						909.4
8	粗硝基苯		2.4	0.2	6.1	569.3	578.0
9	分离废酸	5.2	237.6	82.9		5.7	331.4
10	氯苯				416.8		416.8
11	萃取废酸		237.6	84.4	4.1		326.1
12	浓缩蒸汽						73.8
13	冷凝液						73.8
14	废水			69.7			69.7
15	回收氯苯				4.1		4.1

图 5-12 氯苯硝化的物料流程图

施工阶段带控制点的工艺流程图则是根据初步设计的审查意见，对初步设计阶段带控制点的工艺流程图进行修改和完善，对工艺流程图中所选用的设备、管道、阀门、仪表等作必要的修改、完善和进一步的说明，并充分考虑施工要求设计而成。施工阶段带控制点的工艺流程图作为正式设计成果编入施工设计文件中。

（一）基本要求

带控制点的工艺流程图应达到下列基本要求：

① 表示出生产过程中的全部工艺设备，包括设备图例、位号和名称。

② 表示出生产过程中的全部工艺物料和载能介质的名称、技术规格及流向。

③ 表示出全部物料管道和各种辅助管道（如水、冷冻盐水、蒸汽、压缩空气及真空等管道）的代号、材质、管径及保温情况。

④ 表示出生产过程中的全部工艺阀门以及阻火器、视镜、管道过滤器、疏水器等附件，但无需绘出法兰、弯头、三通等一般管件。

⑤ 表示出生产过程中的全部仪表和控制方案，包括仪表的控制参数、功能、位号以及检测点和控制回路等。

（二）绘制方法

1. 设备的绘制方法

（1）常见设备的代号和图例见附表一。图例中没有表示的设备，在流程图中绘出其象征性的几何图形即可。

（2）当有多台相同的设备并联时，可只画一台设备，其余设备可分别用细实线方框表示，在方框内注明设备位号，并画出通往该设备的支管。

（3）为使图形简单明了，设备上的管道接头、支脚、支架、基础、平台等一般不需表示。

（4）在带控制点的工艺流程图中要表示出设备的位号和名称，其中设备位号的表示方法如图 5-13 所示。

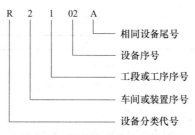

图 5-13　设备位号的表示方法

图 5-13 中的设备分类代号可由附表一查得。车间或装置序号一般可用一位数字（1～9）表示，若车间或装置数超过 9 时，可用两位数字（01～99）表示；工段或工序序号的表示方法与车间或装置序号的表示方法相同；设备序号表示同一工段或工序内相同类别设备的顺序代号，用两位数字（01～99）表示；相同设备尾号表示相同设备的数量，常用字母 A～Z 表示。当相同设备数量只有 1 台时，可不加设备尾号。

例如设备位号 R2304A、B，R 表示反应器，2 表示第 2 车间或第 2 套装置，3 表示第 3 工段或工序，04 表示反应器序号已从 01 排到了 04，A、B 表示有两台相同的反应器备用或并联。

设备位号应与设备名称一起标注在附近空白处或设备内，位置力求整齐、明显，也可由设备加一引出线。设备位号和名称一般用粗实线分开，线上方书写设备位号，线下方书写设备名称。例如：

R1203A、B
反应器

2. 管道、管件和阀门的绘制方法

（1）常见管道、管件的图例见附表二，常见阀门的图例见附表三。流程图中采用的管道、管件和阀门图例应在流程图或首页图中加以说明。

（2）物料管线用粗线表示，其他管线用中粗线，控制回路用细线表示。

（3）在初步设计阶段的工艺流程图中，应绘出主要管道、阀门、管件和控制点；而在施工图设计阶段的工艺流程图中，则应绘出全部管道、阀门、管件和控制点。

（4）当流程图中的管道需与另一张流程图中的管道相连时，可在管道断开处用箭头注明至某设备或管道的图号，即：

（5）对于排水或排污管道，应用文字说明排入何处。

（6）管道的标注方法。在带控制点的工艺流程图中，应对每一根管道进行标注。管道的标注方法可按 HG 20559 的标准执行，也可根据本单位的标准执行。

一般情况下，管道应注明介质代号、管道编号、管道尺寸和管道等级，若为隔热或隔声管道，还应增加隔热或隔声代号。管道的标注方法如图 5-14 所示。

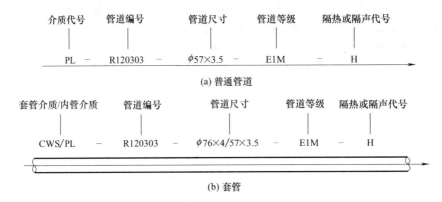

图 5-14 管道的标注方法

① 介质的代号　介质的代号列于表 5-1 中。

② 管道编号　管道编号可用设备位号加管道顺序号表示，其中管道顺序号可用两位数字（01～99）表示。如 R120303 表示位号为 R1203 的反应器上编号为 3 的管道。

表 5-1　常见介质的代号

介质名称	代号	介质名称	代号	介质名称	代号
空气	A	中压蒸汽	MS	循环冷却水（供）	CWS
放空气	VG	高压蒸汽	HS	循环冷却水（回）	CWR
压缩空气	CA	蒸汽冷凝液	C	冷冻盐水（供）	BS
仪表空气	IA	蒸汽冷凝水	SC	冷冻盐水（回）	BR
工艺空气	PA	水	W	排污	BD
氮气	N	精制水	PW	排液、排水	DR
氧气	OX	饮用水	DW	废水	WW
工艺气体	PG	雨水	RW	生活污水	SS
工艺液体	PL	软水	SEW	化学污水	CS
蒸汽	S	锅炉给水	BW	含油污水	OS
伴热蒸汽	TS	热水（供）	HWS	油	OL
低压蒸汽	LS	热水（回）	HWR	工艺固体	PS

③ 管道尺寸　管道尺寸一般以 mm 为单位，只注数字，不注单位。管道尺寸一般只标注管径，可用公称直径表示，也可用外径和壁厚表示，如 $\phi 57 \times 3.5$ 等。

④ 管道等级　管道等级由管材代号、单元顺序号和公称压力等级代号组成，如图 5-15 所示。

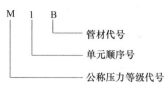

图 5-15　管道等级的标注方法

管道的单元顺序号用阿拉伯数字表示，由 1 开始。管材代号和管道的公称压力等级代号均用大写英文字母表示，表 5-2 中列出了几种管材的代号，表 5-3 列出了管道的公称压力等级代号。

表 5-2　几种管材的代号

管道材质名称	代号	管道材质名称	代号
铸铁	A	不锈钢	E
碳钢	B	有色金属	F
普通低合金钢	C	非金属	G
合金钢	D	衬里及内防腐	H

表 5-3　我国的管道公称压力等级代号

压力等级/MPa	代号	压力等级/MPa	代号
1.0	L	16.0	S
1.6	M	20.0	T
2.5	N	22.0	U
4.0	P	25.0	V
6.4	Q	32.0	W
10.0	R		

⑤ 管道的隔热或隔声代号　管道的隔热或隔声代号用大写英文字母表示，如表 5-4 所示。

表 5-4　管道的隔热或隔声代号

隔热或隔声功能名称	代号	隔热或隔声功能名称	代号
保温	H	蒸汽伴热	S
保冷	C	热水伴热	W
人身防护	P	热油伴热	O
防结露	D	夹套伴热	J
电伴热	E	隔声	N

3. 自控和仪表的绘制方法

在带控制点的工艺流程图中应绘出全部与工艺过程有关的检测仪表、检测点和控制回路。

在检测控制系统中，控制回路中的每一个仪表或元件都要标注仪表位号。仪表的位号可直接填写在仪表图例中，其中字母代号填写在圆圈的上半部分，数字编号填写在圆圈的下半部分。部分仪表功能图例见附表四。

仪表位号的表示方法如图 5-16 所示。

仪表位号中的第一个字母表示被测变量的代号，后续字母表示仪表的功能。工段或工序序号一般可用一位数字（1～9）表示，当工段或工序数超过 9 时，可用两

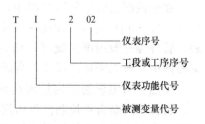

图 5-16　仪表位号的表示方法

位数字（01～99）表示。仪表序号是按工段或工序编制的仪表顺序号，可用两位数字（01～99）表示。常见被测变量和功能的代号如表5-5所示。

表 5-5　常见被测变量和功能的代号

字母	第一字母		后续字母	字母	第一字母		后续字母
	被测变量	修饰词	功能		被测变量	修饰词	功能
A	分析		报警	N	供选用		供选用
B	喷嘴火焰		供选用	O	供选用		节流孔
C	电导率		控制或调节	P	压力或真空		连接点或测试点
D	密度或相对密度	差		Q	数量或件数	累计、积算	累计、积算
E	电压		检出元件	R	放射性		记录或打印
F	流量	比（分数）		S	速度或频率	安全	开关或联锁
G	尺度		玻璃	T	温度		传达或变送
H	手动			U	多变量		多功能
I	电流		指示	V	黏度		阀、挡板
J	功率	扫描		W	重量或力		套管
K	时间或时间程序		自动或手动操作器	X	未分类		未分类
L	物位或液位		信号	Y	供选用		计算器
M	水分或湿度			Z	位置		驱动、执行

图5-17是管道压力控制点的示意图。在该控制系统中有一个引至仪表盘的压力计，编号为203。管道中的压力变化通过变送器（图中以符号"$\otimes$"表示）将信号送至压力计，并通过它控制调节阀的开启，调节管道内的流体压力，使其保持在正常的操作压力范围之内。

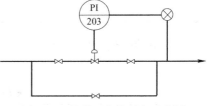

图 5-17　管道压力控制点示意图

（三）图面要求

1. 图纸尺寸

一般情况下，在1号或2号图纸上绘制带控制点的工艺流程图。按车间或工段，原则上一个主项绘制一张图，若流程过于复杂，也可分成几部分进行绘制。

2. 比例

各种设备图例一般按相对比例进行绘制。为了使图面美观、协调，允许将实际尺寸过高或过大的设备比例适当缩小，而将实际尺寸过小或过低的设备比例适当放大。但是，对同一车间或装置的流程，绘制时应采用统一比例。

3. 图线和字体

在带控制点的工艺流程图中，主要工艺物料管道、主产品管道和设备位号线用粗实线（0.9～1.2mm）表示，辅助物料管道用中粗线（0.5～0.7mm）表示，设备轮廓、阀门、仪表、管件等一般用细实线（0.15～0.3mm）绘制，仪表引出线及连接线用细实线。此外，流程图中一般无需标注尺寸，当需要注明尺寸时，尺寸线用细实线表示。

（四）常见设备的自控流程设计

自控流程是自动控制流程的简称，即用自动化装置代替操作人员来管理和控制制药生产过程。我们主要介绍换热器自控流程设计、反应器的自控流程设计。

1. 换热器自控流程设计

药品生产中所用的换热器种类很多，特点不一。由于传热的目的不同，换热器的被控变量也不完全相同。多数情况下，换热器的被控变量为温度，也可以是流量、压力等。现以典型的列管式换热器为例，介绍换热器的自控流程。

（1）**流体无相变**　控制载热体流量是最常用的控制方案。热流体的流量变化将引起冷流体出口温度的显著变化，此时调节热流体的流量效果较好，其自控流程如图 5-18 所示。调节冷流体的流量，也可引起冷流体出口温度的显著变化，其自控流程如图 5-19 所示。

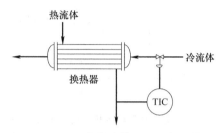
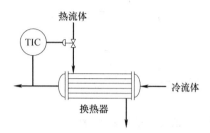

图 5-18　调节热流体流量控制温度　　　　图 5-19　调节冷流体流量控制温度
TIC—温度指示控制　　　　　　　　　　TIC—温度指示控制

（2）**一侧流体有相变**　若用蒸汽来加热工艺流体，则可用调节蒸汽压力的方法来改变其冷凝温度，从而使传热温差发生改变，以达到控制被加热工艺流体温度的目的，其自控流程如图 5-20 所示。此外，通过调节换热器中的冷凝水量，使蒸汽冷凝面积发生改变，也可达到控制被加热工艺流体温度的目的，其自控流程如图 5-21 所示。

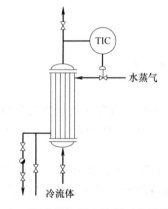
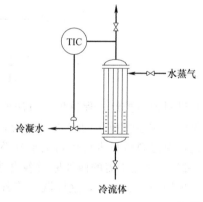

图 5-20　调节蒸汽压力控制工艺流体温度　　　图 5-21　调节冷凝面积控制工艺流体温度
TIC—温度指示控制　　　　　　　　　　　　TIC—温度指示控制

2. 反应器的自控流程设计

反应器是药品生产的常用设备，其控制变量主要有温度、压力、进料量等。现以釜式反应器为例，介绍反应器的自控流程。

（1）**温度控制**　化学反应大多具有一定的温度要求，保持生产方法所规定的反应温度，是使生产过程按给定方法进行的必要条件之一。因此，对反应温度进行控制是十分必要的。

釜式反应器的温度测量与控制方法很多，最常用的方法是改变加热剂或冷却剂的流量，以控制反应温度。图 5-22 是通过改变冷却剂流量的办法来控制反应温度的自控流程，该方案比较简单，使用仪表较少。缺点是当釜内物料较多时，温度滞后比较严重；当物料温度不均时还会造成局部过冷或过热。因此，该方案常用于对温度控制要求不高的场合。

针对釜式反应器温度滞后比较严重的特点，可采用串接温度控制方案。图 5-23 是将反应温度与冷却剂流量串接的温度控制方案，该方案以冷却剂流量为副参数，可及时有效地反映冷却剂流量和压力变化的干扰，但不能反映冷却剂温度变化的干扰。图 5-24 是将反应温度与夹套温度串接的温度控制方案，该方案以夹套温度为副参数，不仅可反映冷却剂方面的干扰，而且对反应器内的干扰也有一定的反映。

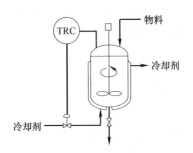

图 5-22　改变冷却剂流量控制反应温度
TRC—温度记录控制

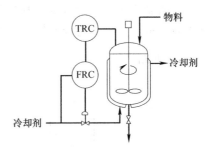

图 5-23　反应温度与冷却剂流量串接控制方案
TRC—温度记录控制；FRC—流量记录控制

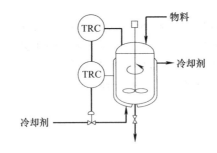

图 5-24　反应温度与夹套温度串接控制方案
TRC—温度记录控制

（2）进料流量控制　保持生产方法所规定的配料比，是使生产过程按给定方法进行的又一必要条件。对连续操作的釜式反应器，进入反应器的各种物料之间的配比应符合规定要求。因此，对进料流量进行控制是十分必要的。

图 5-25 是反应所需的两种原料各自进入反应器的自控方案。该方案对每一股原料均设置了一个单回路控制系统，这样既可使各股原料的进料量保持稳定，又可使各原料之间的配比符合规定要求。

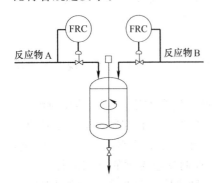

图 5-25　进料流量控制方案
FRC—流量记录控制

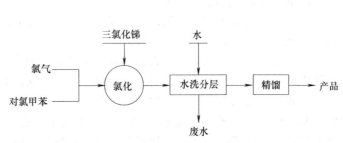

图 5-26　2,4-二氯甲苯生产工艺流程框图

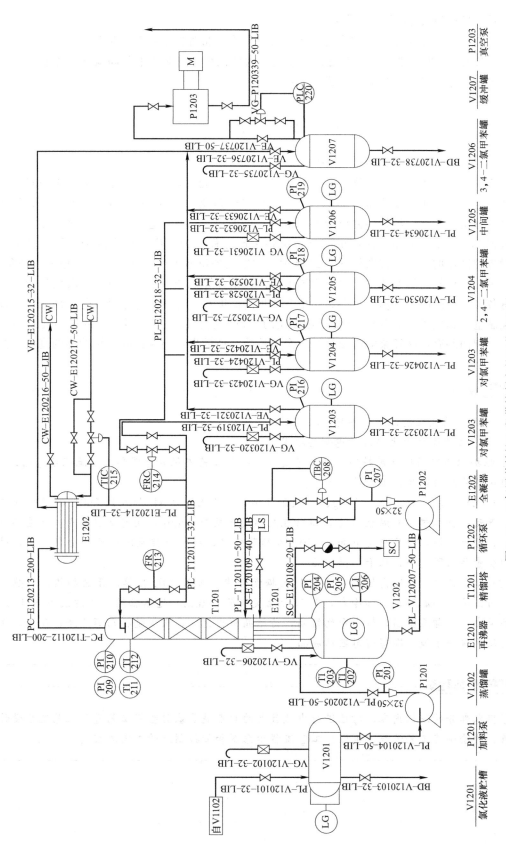

图 5-27　二氯甲苯精馏工段带控制点的工艺流程图

（五）带控制点的工艺流程图

现以 2,4-二氯甲苯生产过程中的分离工段为例介绍带控制点的工艺流程图。

2,4-二氯甲苯的工业生产方法是以三氯化锑为催化剂，以对氯甲苯和氯气为原料，经反应、分离等工序而制得。反应方程式如下：

$$\text{对氯甲苯} \xrightarrow[\text{SbCl}_3]{\text{Cl}_2} \text{2,4-二氯甲苯} + \text{HCl}$$

反应液中不仅含有目标产物 2,4-二氯甲苯（52%～62%），而且还含有未反应的对氯甲苯以及一定量的 3,4-二氯甲苯（6%～10%）、少量的多氯甲苯（1%左右）等副产物。氯化液经水洗分层后，油层经精馏分离即可获得 2,4-二氯甲苯。其工艺流程框图如图 5-26 所示。

根据 2,4-二氯甲苯生产过程的特点，可将生产过程分为反应和分离两个工段，其中分离工段带控制点的工艺流程图如图 5-27 所示。图中设备位号 V1102 表示反应工段的水洗釜。对生产过程要求较高的参数采用集中检测和控制，由计算机统一管理。分离工段的显示仪表主要有各泵出口的压力显示、蒸馏罐及精馏塔顶的温度和压力显示与记录（包括现场指示仪表及控制室计算机集中显示）、全凝器热介质的出口温度、接收罐和缓冲罐的压力显示与记录等。控制回路有：循环泵的流量控制、全凝器热介质的出口温度控制、缓冲罐的真空度控制等。

📝 思考题

1. 简述工艺流程设计的任务与步骤。

2. 工艺流程设计中主要应考虑哪些技术问题？

3. 根据以下阿司匹林原料药生产工艺过程，绘制工艺流程方框图和工艺流程示意图。

阿司匹林原料药生产工艺过程如下：

（1）酰化工序　将水杨酸 10kg、乙酸酐 14mL、浓硫酸 0.4L 加入到 250L 的酰化反应釜内，开动搅拌加热，升温至 70℃，维持在此温度下反应 30min，测定反应终点。反应终点到达后，停止搅拌，向反应釜中加入 150L 冷的蒸馏水，继续搅拌至阿司匹林全部析出，过滤，用少量稀乙醇洗涤，压干，得粗品。

（2）精制工序　将所得粗品置于 50L 的搪瓷釜中，加入 30L 乙醇，开始加热，加热至固体阿司匹林全部溶解，稍加冷却，加入活性炭脱色 10min，趁热抽滤。将滤液倾入 100L 的结晶釜中，冷却至室温，析出白色结晶，待结晶析出完全，用少量稀乙醇洗涤，压干，置于小型烘干机中干燥，即得阿司匹林成品。

📝 自主设计项目

根据本部分的课本内容，对已进行中试放大的对乙酰氨基酚生产工艺进行工艺流程设计与完善，并绘制其工艺流程方框图、工艺流程示意图和带控制点的工艺流程图。

物料与能量衡算

第一节　物　料　衡　算

在药物生产中，往往要进行物料衡算，通过物料衡算，可以帮助我们正确选择生产的流程，考虑原料用量的多少，以及产生的废气、废料是否可以利用等。同时还可揭示实际生产中物料浪费情况，以作为减少废料、提高产品质量、降低成本及选用回收设备等的有力依据。

在整个工艺设计中，物料衡算是最先进行的一个计算项目，其结果是后续的能量衡算、设备选型或工艺设计、车间布置设计、管道设计等各单项设计的依据，因此，物料衡算结果的正确与否直接关系到整个工艺设计的可靠程度。

物料衡算的依据是工艺流程示意图以及为物料衡算收集的有关资料。虽然工艺流程示意图只是定性地给出了物料的来龙去脉，但它决定了应对哪些过程或设备进行物料衡算，以及这些过程或设备所涉及的物料，使之既不遗漏，也不重复。可见，工艺流程示意图对物料衡算起着重要的指导作用。

根据物料衡算结果，将工艺流程示意图进一步深化，可绘制出物料流程图。在物料衡算的基础上，可进行能量衡算、设备的选型或工艺设计，以确定设备的容积、台数和主要工艺尺寸，进而可进行车间布置设计和管道设计等项目。

一、物料衡算范围

物料衡算是研究某一个体系内进、出物料及组成的变化，即物料平衡。所谓体系就是物料衡算的范围，它可以根据实际需要，人为地选定。

体系可以是一个设备或几个设备，也可以是一个单元操作或整个化工过程。进行物料衡算时，必须首先确定衡算的体系。根据衡算目的和对象的不同，衡算范围可以是一台设备、一套装置、一个工段、一个车间、一个工厂等。衡算范围一经划定，即可视为一个独立的体系。凡进入体系的物料均为输入项，离开体系的物料均为输出项。

二、物料衡算的理论基础

物料衡算的理论基础是质量守恒定律，运用该定律可以得出各种过程的物料平衡方程式。

（一）物理过程

根据质量守恒定律，物理过程的总物料平衡方程式为：

$$\sum G_1 = \sum G_0 + G_A \tag{6-1}$$

式中　$\sum G_1$——输入体系的总物料量；

　　　$\sum G_0$——输出体系的总物料量；

　　　G_A——物料在体系中的总累积量。

上式也适用于物理过程中任一组分或元素的物料衡算。

对于稳态过程，物料在体系内没有累积，式（6-1）可简化为：

$$\sum G_1 = \sum G_0 \tag{6-2}$$

式（6-2）表明，对于物理过程，若物料在体系内没有累积，则输入体系的物料量等于离开体系的物料量，不仅总质量平衡，而且对其中的任一组分或元素也平衡。

（二）化学过程

在有化学反应的体系，式（6-1）和式（6-2）仍可用于体系的总物料衡算或任一元素的物料衡算，但不能用于组分的物料衡算。

对于化学过程，某组分的物料平衡方程式可表示为：

$$\sum G_{Ii} + \sum G_{Pi} = \sum G_{Oi} + \sum G_{Ri} + G_{Ai} \tag{6-3}$$

式中　$\sum G_{Ii}$——输入体系的 i 组分的量；

　　　$\sum G_{Oi}$——输出体系的 i 组分的量；

　　　$\sum G_{Pi}$——体系中因化学反应而产生的 i 组分的量；

　　　$\sum G_{Ri}$——体系中因化学反应而消耗的 i 组分的量；

　　　G_{Ai}——体系中 i 组分的累积量。

同样，对于稳态过程，组分在体系内没有累积，则式（6-3）可简化为：

$$\sum G_{Ii} + \sum G_{Pi} = \sum G_{Oi} + \sum G_{Ri} \tag{6-4}$$

三、物料衡算基准

进行物料衡算或热量衡算，都必须选择相应的衡算基准。物料衡算常用的衡算基准主要有以下几种：

（一）单位时间

对于间歇生产过程和连续生产过程，均可以单位时间间隔内的投料量或产品量为基准进行物料衡算。根据计算的方便，对于间歇生产过程，单位时间间隔通常取一批操作的生产周期；对于连续生产过程，单位时间间隔可以是 1 秒(s)、1 小时(h)、1 天(d) 或 1 年(a)。

例如，对于给定的生产规模，以时间天为基准就是根据产品的年产量和年生产日计算出产品的日产量，再根据产品的总收率折算出 1 天操作所需的投料量，并以此为基础进行物料衡算。产品的年产量、日产量和年生产日之间的关系为：

$$日产量 = \frac{年产量}{年生产日} \tag{6-5}$$

式中的年产量由设计任务所规定；年生产日要视具体的生产情况而定。制药厂在生产过程中大多对设备有腐蚀，设备需要定期检修或更换。因此，每年一般要安排一次大修和多次小修，年生产日常按 10 个月即 300 天来计算。可根据制药企业设备腐蚀情况的轻重，适当增加或缩短年生产日。

（二）单位体积

若所处理的物料为气相，则可以单位体积的原料或产品为基准进行物料衡算。实际生产过程中，需将操作状态下的气体体积换算成标准状态下的体积，即标准体积，用 m^3 表示。这样既能消除温度和压力变化所带来的影响，又能方便地将气体体积换算成物质的量（mol）。

（三）单位质量

一般可以选择一定质量（或物质的量），如 1kg、1t（或 1mol、1kmol）的原料或产品为基准进行物料衡算，适用于间歇生产过程和连续生产过程。

四、物料衡算方法和步骤

（1）明确衡算目的，如通过物料衡算确定生产能力、纯度、收率等数据。

（2）明确衡算对象，划定衡算范围，绘出物料衡算示意图，并在图上标注与物料衡算有关的已知和未知的数据。

（3）对于有化学反应的体系，应写出化学反应方程式（包括主、副反应），以确定反应前后的物料组成及各组分之间的物质的量之比。

（4）收集与物料衡算有关的计算数据，包括：年生产日和生产规模；原辅材料、中间体及产品的规格与质量标准；有关的定额和消耗指标，如配料比、转化率、选择性、收率等；有关的物理化学常数，如密度、溶解度、蒸气压等。

（5）选定衡算基准，可选择单位时间、单位体积或单位质量。

（6）列出物料平衡方程式，进行物料衡算。

（7）编制物料平衡表，物料平衡表主要包括输入输出物料平衡表、原辅材料消耗定额表及"三废"排量表。

五、物料衡算的有关数据

为了进行物料衡算，应根据药厂操作记录和中间试验数据收集下列各项数据：各种物料（原料、半成品、成品）的浓度、纯度和组成；反应物的配料比；阶段收率和车间总收率；转化率和选择性等。

（一）收率

产品的收率是指在一定反应条件下，所得产品的量占按某一反应物进料量计算时理论上应生成的产品量的比值，即：

$$收率(Y) = \frac{该产品实际得到的量}{按某一反应物进料量计算理论上应生成的产品量}$$

（二）转化率

某一反应物的转化率是指在一定反应条件下，已转化的某一反应物的量占其进料量的比值，即：

$$转化率(X) = \frac{已转化的该反应物的量}{某一反应物的进料量}$$

（三）选择性

若反应体系中存在副反应，则在各种主、副产物中，该反应物转化成目标产物的量与该反应物的消耗量之比称为反应的选择性，即：

$$选择性 = \frac{该反应物转化为目标产物的量}{已转化的某一反应物的量}$$

转化率、选择性和理论收率三者之间的关系为：

$$理论收率 = 选择性 \times 转化率$$

例 6-1 甲苯用浓硫酸磺化制备对甲苯磺酸。已知甲苯的投料量为 1000kg，反应产物中含对甲苯磺酸 1460kg，未反应的甲苯 20kg。试分别计算甲苯的转化率、对甲苯磺酸的收率和选择性。

解 化学反应方程式为：

相对分子质量　　92　　98　　　　　172　　18

则甲苯的转化率为：

$$X_A = \frac{1000 - 20}{1000} \times 100\% = 98\%$$

对甲苯磺酸的收率为：

$$Y = \frac{1460 \times 92}{1000 \times 172} \times 100\% = 78.1\%$$

对甲苯磺酸的选择性为：

$$\varphi = \frac{1460 \times 92}{(1000 - 20) \times 172} \times 100\% = 79.7\%$$

（四）车间总收率

通常，生产一个化学合成药物都是由各物理及化学反应工序组成。各种工序都有一定的收率，车间总收率与各工序收率的关系为：

$$Y = Y_1 Y_2 Y_3 Y_4 \cdots$$

在计算收率时，必须注意质量的监控，即对各工序中间体和药品纯度要有质量分析数据。

（五）原料消耗定额

原料消耗定额是指生产 1t 产品需要消耗各种原料的质量（t 或 kg）。对于主要反应物来说，它实际上就是质量收率的倒数。

例 6-2 100kg 苯胺（纯度为 99%，相对分子质量 93）经磺化和精制后制得 217kg 对氨基苯磺酸钠（纯度为 97%，相对分子质量 213.2），求以苯胺计的对氨基苯磺酸钠的理论收率和苯胺的消耗定额。

解 对氨基苯磺酸钠的理论收率为：

$$Y = \frac{\dfrac{217 \times 97\%}{213.2}}{\dfrac{100 \times 99\%}{93}} \times 100\% = 92.75\%$$

每生产 1t 对氨基苯磺酸钠，苯胺的消耗定额是 100/217 = 0.461t = 461kg

（六）原料成本与回收率

原料成本一般是指生产一定量的产品所消耗各种物料价值的总和。

$$原料成本 = \sum_{i=1}^{n} 原料单耗 \times 原料单价$$

回收率是指回收套用的原料（中间体）占投入量的百分比。

$$回收率(\%)=\frac{回收纯量}{投料纯量}\times100\%$$

六、物料衡算的实例

药物的实际生产操作过程中会涉及大量的物料衡算，其中包括物理过程、化学过程（间隙操作和连续操作）等物料平衡计算。

（一）物理过程的物料衡算

常见的物理过程包括物料的混合、萃取、蒸馏、过滤等过程，该过程的物料衡算可根据质量守恒定律进行。

例 6-3　硝化混酸配制过程的物料衡算。

已知混酸的组成为：H_2SO_4：HNO_3：$H_2O=46$：46：8，配制混酸用的原料为工业硫酸（92.5%）、硝酸（98%）、含 H_2SO_4 69% 的硝化废酸。求配制 1000kg 混酸时各原料的用量。设混酸配制过程中无机械损失，产率为 100%，并假设原料中除水外其他杂质可忽略。

解　设 G_N 为硝酸（98%）的用量（kg），G_S 为工业硫酸（92.5%）的用量（kg），G_u 为废酸（69%）的用量（kg），则有：

（1）HNO_3 的物料平衡　　　$0.98G_N=1000\times46\%$

（2）H_2SO_4 的物料平衡　　$0.925G_S+0.69G_u=1000\times46\%$

（3）H_2O 的物料平衡　　　$0.02G_N+0.075G_S+0.31G_u=1000\times8\%$

联立解出上述各式，得 $G_N=469.4kg$，$G_S=399.5kg$，$G_u=131.1kg$。

即需要 97% 硝酸 474.2kg，98% 硫酸 335.2kg，69% 废酸 190.6kg。

根据物料衡算结果，可编制混酸配制过程的物料平衡表，如表 6-1 所示。

表 6-1　混酸配制过程的物料平衡表

	物料名称	工业品量/kg	质量组成/%		物料名称	工业品量/kg	质量组成/%
输 入	硝酸	469.4	HNO_3：98 H_2O：2	输 出			
	硫酸	399.5	H_2SO_4：92.5 H_2O：7.5		硝化混酸	1000	H_2SO_4：46 HNO_3：46 H_2O：8
	废酸	131.1	H_2SO_4：69 H_2O：31				
	总计	1000			总计	1000	

（二）化学过程（间隙操作）的物料衡算

例 6-4　在间歇釜式反应器中用浓硫酸磺化甲苯生产对甲苯磺酸，其工艺流程如图 6-1 所示，试对该过程进行物料衡算。已知每批操作的投料量为：甲苯 1000kg，纯度 99.9%（质量分数，下同）；浓硫酸 1100kg，纯度 98%；甲苯的转化率为 98%，生成对甲苯磺酸的选择性为 82%，生成邻甲苯磺酸的选择性为 9.2%，生成间甲苯磺酸的选择性为 8.8%；物料中的水约 90% 经连续脱水器排出。为简化计算，假设原料中除纯品外都是水，且在磺化过程中无物料损失。

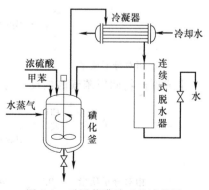

图 6-1　对甲苯磺酸工艺流程图

解 以间歇釜式反应器为衡算范围，绘出物料衡算示意图，如图 6-2 所示。

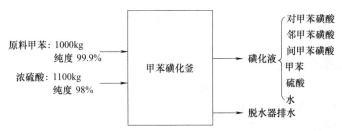

图 6-2 甲苯磺化过程物料衡算示意图

图中共有 4 股物料，物料衡算的目的就是确定各股物料的数量和组成，并据此编制物料平衡表。

对于间歇操作过程，常以单位时间间隔（一个操作周期）内的投料量为基准进行物料衡算。

进料：

原料甲苯中的甲苯量＝1000×0.999＝999kg

原料甲苯中的水量＝1000－999＝1kg

浓硫酸中的硫酸量＝1100×0.98＝1078kg

浓硫酸中的水量＝1100－1078＝22kg

进料总量＝1000＋1100＝2100kg

其中含甲苯 999kg，硫酸 1078kg，水 23kg。

出料：

反应消耗的甲苯量＝999×98％＝979kg

未反应的甲苯量＝999－979＝20kg

生成目标产物对甲苯磺酸的反应方程式为：

$$\text{CH}_3\text{—C}_6\text{H}_5 + \text{H}_2\text{SO}_4 \xrightarrow{110\sim140\,^{\circ}\text{C}} \text{CH}_3\text{—C}_6\text{H}_4\text{—SO}_3\text{H} + \text{H}_2\text{O}$$

相对分子质量　　　92　　　98　　　　　　172　　　18

生成副产物邻甲苯磺酸的反应方程式为：

$$\text{CH}_3\text{—C}_6\text{H}_5 + \text{H}_2\text{SO}_4 \xrightarrow{110\sim140\,^{\circ}\text{C}} \text{CH}_3\text{—C}_6\text{H}_4\text{—SO}_3\text{H} + \text{H}_2\text{O}$$

相对分子质量　　　92　　　98　　　　　　172　　　18

生成副产物间甲苯磺酸的反应方程式为：

$$\text{CH}_3\text{—C}_6\text{H}_5 + \text{H}_2\text{SO}_4 \xrightarrow{110\sim140\,^{\circ}\text{C}} \text{CH}_3\text{—C}_6\text{H}_4\text{—SO}_3\text{H} + \text{H}_2\text{O}$$

相对分子质量　　　92　　　98　　　　　　172　　　18

反应生成的对甲苯磺酸量＝$979 \times \dfrac{172}{92} \times 82\% = 1500.8$kg

反应生成的邻甲苯磺酸量 $=979\times\dfrac{172}{92}\times9.2\%=168.4kg$

反应生成的间甲苯磺酸量 $=979\times\dfrac{172}{92}\times8.8\%=161.1kg$

反应生成的水量 $=979\times\dfrac{18}{92}=191.5kg$

经脱水器排出的水量 $=(23+191.5)\times90\%=193.1kg$

磺化液中剩余的水量 $=(23+191.5)-193.1=21.4kg$

反应消耗的硫酸量 $=979\times\dfrac{98}{92}=1042.8kg$

未反应的硫酸量 $=1078-1042.8=35.2kg$

磺化液总量 $=1500.8+168.4+161.1+20+35.2+21.4=1906.9kg$

根据物料衡算结果，可编制甲苯磺化过程的物料平衡表，如表 6-2 所示。

表 6-2　甲苯磺化过程的物料平衡表

	物料名称	质量/kg	质量组成/%		纯品量/kg
输入	原料甲苯	1000	甲苯	99.9	999
			水	0.1	1
	浓硫酸	1100	硫酸	98.0	1078
			水	2.0	22
	总计	2100			2100
输出	磺化液	1906.9	对甲苯磺酸	78.70	1500.8
			邻甲苯磺酸	8.83	168.4
			间甲苯磺酸	8.45	161.1
			甲苯	1.05	20.0
			硫酸	1.85	35.2
			水	1.12	21.4
	脱水器排水	193.1	水	100	193.1
	总计	2100			2100

（三）化学过程（连续操作）的物料衡算

例 6-5　以每年产 300t 的安替比林（相对分子质量 188）生产工艺为例，试进行重氮化过程（苯胺重氮化系整个生产工序的第一工序）的物料衡算。

设已知自苯胺开始的总收率为 58.42%，重氮化过程在管道内进行，$C_6H_5N_2Cl$ 因分解及机械损失占生成量的 4%。苯胺、亚硝酸钠、盐酸的浓度分别为 98%、95.9%、30%，亚硝酸钠配成 27% 水溶液投入。

主反应　$C_6H_5NH_2 + 2HCl + NaNO_2 \longrightarrow C_6H_5N_2Cl + NaCl + 2H_2O$

配料比　　　1　：　2.32　：　1.026

副反应　$HCl + NaNO_2 \longrightarrow NaCl + HNO_2$

解　根据已定的生产能力，每年以 300 个工作日计，则每昼夜的生产任务为 1t 安替比林。然后根据总收率推算出苯胺每天的投料量。

主反应　　$C_6H_5NH_2$　　$+$　　$2HCl$　　$+$　　$NaNO_2 \longrightarrow C_6H_5N_2Cl$　　$+$　　$NaCl$　　$+$　　$2H_2O$

相对分子质量　93　　　　2×36.5　　　69　　　　140.5　　　　58.5　　　2×18

配料比　　　　　　1　　:　　2.32　　:　　1.026

投料量　　　846.8　　　x_1　　　　x_2　　　　　x_3　　　　　x_4　　　　　x_5

纯苯胺每天的耗量 $=\dfrac{1000\times93}{188\times0.5842}=846.8\text{kg}$

（188 为安替比林的相对分子质量）

粗苯胺每天的耗量 $=\dfrac{846.8}{0.98}=864.1\text{kg}$

根据反应式，可计算出：

$$x_1=\frac{846.8\times2\times36.5}{93}=664.7\text{kg}$$

$$x_2=\frac{846.8\times69}{93}=628.3\text{kg}$$

$$x_3=\frac{846.8\times140.5}{93}=1279.3\text{kg}$$

$$x_4=\frac{846.8\times58.5}{93}=532.7\text{kg}$$

$$x_5=\frac{846.8\times2\times18}{93}=327.8\text{kg}$$

实际投料量：

HCl 的用量 $=\dfrac{846.8\times2.32\times36.5}{93}=771.0\text{kg}$

30％HCl 的用量 $=\dfrac{771.0}{0.3}=2570.0\text{kg}$

　其中水量 $=2570.0-771.0=1799.0\text{kg}$

过量 HCl $=771.0-664.7=106.3\text{kg}$

$NaNO_2$ 的用量 $=\dfrac{846.8\times1.026\times69}{93}=644.6\text{kg}$

粗 $NaNO_2$（95.9％）的用量 $=\dfrac{644.6}{95.9\%}=672.2\text{kg}$

粗 $NaNO_2$ 中杂质的量 $=672.2-644.6=27.6\text{kg}$

配成 27％$NaNO_2$ 溶液的量 $=\dfrac{644.6}{0.27}=2387.4\text{kg}$

　其中水量 $=2387.4-672.2=1715.2\text{kg}$

过量 $NaNO_2=644.6-628.3=16.3\text{kg}$

$C_6H_5N_2Cl$ 因分解及机械损失占生成量的 4％，则：

$C_6H_5N_2Cl$ 损失量 $=1279.3\times0.04=51.2\text{kg}$

$C_6H_5N_2Cl$ 实际生成量 $=1279.3-51.2=1228.1\text{kg}$

副反应　　　HCl　+　$NaNO_2$ ⟶ NaCl　+　HNO_2

相对分子质量　36.5　　　　69　　　　58.5　　　　47

投料量　　　　y_1　　　16.3　　　y_2　　　　y_3

根据反应式：

$$y_1=\frac{16.3\times36.5}{69}=8.6\text{kg}$$

$$y_2=\frac{16.3\times58.5}{69}=13.8\text{kg}$$

$$y_3=\frac{16.3\times47}{69}=11.1\text{kg}$$

反应后剩下的 100%HCl＝106.3－8.6＝97.7kg

计算结果列于表 6-3 中。

表 6-3 物料衡算结果

项目	物料名称	工业品量/kg	纯度/%	纯品量/kg	密度/(kg/m³)	体积/m³
输入	苯胺	864.1	98	苯胺 846.8 杂质 17.3	1.026	842.2
	亚硝酸钠	672.2	95.9	NaNO₂ 644.6 杂质 27.6	2.168	310.0
	盐酸	2570.0	30	HCl 771.0 水 1799.0	1.149	2236.7
	水	1715.2		水 1715.2	1.000	1715.2
	合计	5821.5				5104.1
输出	重氮盐	1279.3		1228.1		
	氯化钠	532.7+13.8		546.5		
	水	327.8+1799.0+1715.2		3842.0		
	亚硝酸	11.1		11.1		
	过量 HCl	97.7		97.7		
	杂质	51.2+17.3+27.6		96.1		
	合计	5821.5		5821.5		

第二节　能　量　衡　算

一、概述

药物生产所经过的单元反应和单元操作都必须满足一定的工艺要求（如严格控制温度、压力等条件），因此如何利用能量的传递和转化规律，以保证适宜的工艺条件，是工业生产中重要的问题。

1. 能量衡算的目的与意义

对于新设计的设备或装置，能量衡算的目的主要是为了确定设备或装置的热负荷。根据热负荷的大小以及物料的性质和工艺要求，可进一步确定传热设备的类型、数量和主要工艺尺寸。此外，热负荷也是确定加热剂或冷却剂用量的依据。

对于已经投产的生产车间，进行能量衡算是为了更加合理地用能。通过对一台设备进行能量平衡测定与计算，可以获得设备用能的各种信息，如热利用率是多少、余热的分布情况如何、哪些余热可以回收利用等，进而可以从技术上、管理上制定出节能的措施，以最大限度降低单位产品的能耗。

2. 能量衡算的依据及必要条件

能量衡算的主要依据是能量守恒定律。

能量衡算是以车间物料衡算的结果为基础而进行的，所以车间物料衡算表是进行车间能量衡算的首要条件。其次，还必须收集有关物料的热力学数据，如比热容、相变热、反应热等。若能将所涉及的所有物料热力学数据汇总成一张表格，那在以后的计算中将会十分方便。

3. 能量守恒基本方程

能量守恒定律的一般方程式可写为：

由环境输入到系统的能量＝由系统输出到环境的能量＋系统内积累的能量

能量有不同的表现形式，如内能、动能、势能、热能和功等。在药品生产中，热能是最常见的能量表现形式，多数情况下，能量衡算可简化为热量衡算。

二、热量衡算

（一）热量平衡方程式

当内能、动能、势能的变化量可以忽略且无轴功时，输入系统的热量与离开系统的热量应平衡，由此可得出传热设备的热量平衡方程式为：

$$Q_1 + Q_2 + Q_3 = Q_4 + Q_5 + Q_6 \tag{6-6}$$

式中 Q_1——物料带入设备的热量，kJ；

Q_2——加热剂或冷却剂传给设备及所处理物料的热量，kJ；

Q_3——过程的热效应，kJ；

Q_4——物料带出设备的热量，kJ；

Q_5——加热或冷却设备所消耗的热量或冷量，kJ；

Q_6——设备向环境散失的热量，kJ。

在应用式（6-6）时，应注意除 Q_1 和 Q_4 外，其他 Q 值都有正负两种情况。例如，当反应放热时，Q_3 取"＋"；反之，当反应吸热时，Q_3 取"－"，这与热力学中的规定正好相反。

热量衡算的目的是计算出 Q_2，从而确定加热剂或冷却剂的量。为了求出 Q_2，必须知道式（6-6）中的其他各项。

1. 计算基准

在计算各项热量之前，首先要确定一个计算基准。一般情况下，可以 0℃ 和 1.013×10^5 Pa 为计算基准。对于有反应的过程，也常以 25℃ 和 1.013×10^5 Pa 为计算基准。

2. Q_1 或 Q_4 的计算

若物料在基准温度和实际温度之间没有相变化，则可利用定压比热容计算物料所含有的显热，即：

$$Q_1 \text{ 或 } Q_4 = \sum G \int_{t_0}^{t_2} C_p \, dt \tag{6-7}$$

式中 G——输入或输出设备的物料量，kg；

t_0——基准温度，℃；

t_2——物料的实际温度，℃；

C_p——物料的定压比热容，kJ/(kg·℃)。

物料的定压比热容与温度之间的函数关系常用多项式来表示，即：

$$C_p = a + bt + ct^2 + dt^3 \tag{6-8}$$

或

$$C_p = a + bt + ct^2 \tag{6-9}$$

式中 a、b、c、d——物质的特性常数，可从有关手册查得。

若已知物料在所涉及温度范围内的平均定压比热容，则式（6-7）可简化为：

$$Q_1 \text{ 或 } Q_4 = \sum G C_p (t_2 - t_0) \tag{6-10}$$

式中 C_p——物料在 $(t_0 \sim t_2)$℃ 范围内的平均定压比热容，kJ/(kg·℃)。

3. Q_5 的计算

对于稳态操作过程，$Q_5=0$；对于非稳态操作过程，如开车、停车以及各种间歇操作过程，Q_5 可按下式计算：

$$Q_5=\sum MC_p(t_2-t_1) \tag{6-11}$$

式中　M——设备各部件的质量，kg；

　　　C_p——设备各部件材料的平均定压比热容，kJ/(kg·℃)；

　　　t_1——设备各部件的初始温度，℃；

　　　t_2——设备各部件的最终温度，℃。

与其他各项热量相比，Q_5 的数值一般较小，因此，Q_5 常可忽略不计。

4. Q_6 的计算

设备向环境散失的热量 Q_6 可用下式计算：

$$Q_6=\sum \alpha_T A_w(t_w-t)\tau\times10^{-3} \tag{6-12}$$

式中　α_T——对流-辐射联合传热系数，W/(m²·℃)；

　　　A_w——与周围介质直接接触的设备外表面积，m²；

　　　t_w——与周围介质直接接触的设备外表面温度，℃；

　　　t——周围介质的温度，℃；

　　　τ——散热过程持续的时间，s。

联合传热系数 α_T 的计算如下：

当空气做自然对流，散热壁表面温度为 50～350℃时：

$$\alpha_T=8+0.05A_W \quad W/(m²·℃)$$

当空气做强制对流，空气速度 $u\leqslant5m/s$ 时：

$$\alpha_T=5.3+3.6u \quad W/(m²·℃)$$

当空气速度 $u>5m/s$ 时：

$$\alpha_T=6.7u^{0.78} \quad W/(m²·℃)$$

对于室内操作的釜式反应器，α_T 的数值可近似取为 10W/(m²·℃)。

5. Q_3 的计算

过程的热效应由物理变化热和化学变化热两部分组成，即：

$$Q_3=Q_p+Q_c \tag{6-13}$$

式中　Q_p——物理变化热，kJ；

　　　Q_c——化学变化热，kJ。

物理变化热是指物料的浓度或状态发生改变时所产生的热效应，如蒸发热、冷凝热、结晶热、熔融热、升华热、凝华热、溶解热、稀释热等。如果所进行的过程为纯物理过程，无化学反应发生，如固体的溶解、硝化混酸的配制、液体混合物的精馏等过程均为纯物理过程，则 $Q_c=0$。

化学变化热是指组分之间发生化学反应时所产生的热效应，可根据物质的反应量和化学反应热进行计算。

（二）热量衡算方法和步骤

（1）明确衡算目的，如通过热量衡算确定某设备或装置的热负荷、加热剂或冷却剂的消耗量等数据。

（2）明确衡算对象，划定衡算范围，并绘出热量衡算示意图。为了计算方便，常结合物料衡算结果，将进出衡算范围的各股物料的数量、组成和温度等数据标在热量衡算示意图中。

（3）收集与热量衡算有关的热力学数据，如定压比热容、相变热、反应热等。

（4）选定衡算基准。

（5）列出热量平衡方程式，进行热量衡算。

（6）编制热量平衡表。

（三）热量衡算应注意的问题

（1）确定热量衡算系统所涉及的所有热量和可能转化成热量的其他能量，不得遗漏，但为简化计算，可对衡算影响很小的项目忽略不计。

（2）确定计算的基准。有相变时，还必须确定相态基准，不要忽略相变热。

（3）Q_2 等于正值表示需要加热，Q_2 等于负值表示需要冷却。对于间歇操作，各段时间操作情况不一样，则应分段进行热量平衡计算，求出不同阶段的 Q_2。

（4）在计算时，特别是当利用物理化学手册中查得的数据计算时，要注意使数值的正负号与式（6-6）中规定的一致。

（5）在有相关条件的约束，物料量和能量参数（如温度）有直接影响时，需将物料平衡和热量平衡计算联合进行，才能求解。

三、过程热效应 Q_3 的计算

过程热效应包括化学反应热与物理变化热。

（一）化学反应热

进行化学反应所放出或吸收的热量称为化学反应热。化学反应热可从文献、科研或工厂实测数据中获得。当缺少数据时，也可由生成热或燃烧热数据经计算而得。

1. 由标准生成热计算标准化学反应热

由盖斯定律得：

$$\Delta H_r^{\ominus} = \sum_{产物} \delta_i (\Delta H_f^{\ominus})_i - \sum_{反应物} \delta_i (\Delta H_f^{\ominus})_i \tag{6-14}$$

式中　δ——反应物或产物在反应方程式中的系数；

$\Delta H_r^{\ominus}$——标准化学反应热，kJ/mol；

$\Delta H_f^{\ominus}$——反应物或产物的标准生成热，kJ/mol。

物质的标准生成热数据可从有关手册中查得。但应注意，一般手册中标准生成热的数据常用焓差，即 $\Delta H_f^{\ominus}$ 表示，并规定吸热为正，放热为负，这与式（6-6）中的符号规定正好相反。为使求得的 $\Delta H_r^{\ominus}$ 的符号与式（6-6）中的符号规定相一致，在查手册时可在 $\Delta H_f^{\ominus}$ 前加一负号"－"。

2. 用标准燃烧热计算标准化学反应热

由盖斯定律得：

$$\Delta H_r^{\ominus} = \sum_{反应物} \delta_i (\Delta H_c^{\ominus})_i - \sum_{产物} \delta_i (\Delta H_c^{\ominus})_i \tag{6-15}$$

式中　$\Delta H_c^{\ominus}$——反应物或产物的标准燃烧热，kJ/mol。

物质的标准燃烧热也可从有关手册中查得。同样，在查手册时应在 $\Delta H_c^{\ominus}$ 前加一负号"－"，以使 $\Delta H_r^{\ominus}$ 的符号与式（6-6）中的符号规定相一致。

3. 非标准条件下的化学反应热

若反应在 t℃下进行，且反应物和产物在（25～t）℃之间均无相变化，则可设计如下途径完成该过程：

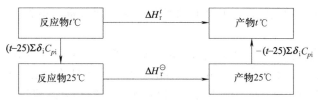

由盖斯定律得：

$$\Delta H_r^t = \Delta H_r^{\ominus} + \underbrace{(t-25)\sum \delta_i C_{pi}}_{\text{反应物}} - \underbrace{(t-25)\sum \delta_i C_{pi}}_{\text{产物}} \tag{6-16}$$

式中　t——反应温度，℃；

C_{pi}——反应物或产物在（25～t）℃之间的平均定压比热容，kJ/（mol·℃）。

若某反应物或产物在（25～t）℃之间存在相变，则式（6-16）等号右面的加和项应作修正。例如，若反应物中的 j 组分在温度 t'（$25 < t' < t$）时发生相变，则可设计如下途径完成该过程：

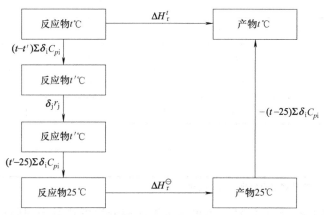

由盖斯定律得：

$$\Delta H_r^t = \Delta H_r^{\ominus} + \underbrace{(t-t')\sum \delta_i C_{pi}}_{\text{反应物}} + \underbrace{\delta_j r_j + (t'-25)\sum \delta_i C_{pi}}_{\text{反应物}} - \underbrace{(t-25)\sum \delta_i C_{pi}}_{\text{产物}} \tag{6-17}$$

式中　δ_j——反应物 j 在化学反应方程式中的系数；

r_j——反应物 j 在 t'℃时的相变热，kJ/mol。

应用式（6-17）时应注意物质的相态不同，其定压比热容的数值也不同。

（二）物理变化热

常见的物理变化热有相变热和溶解混合热。

1. 相变热

在恒定的温度和压力下，单位质量（或物质的量）的物质发生相的变化时的焓变称为相变热，如汽化热、升华热、熔化热、冷凝热等。

各种纯化合物的相变热可从有关手册、文献中查得，但应注意相变热的单位及正负号。一般热力学数据中的相变热以吸热为正，放热为负，与式（6-6）中的符号规定正好相反。

2. 溶解混合热

恒温恒压下，溶液因浓度发生改变而产生的热效应，称为浓度变化热。在药品生产中，以物质在水溶液中的浓度变化热最为常见。但除了某些酸、碱水溶液的浓度变化热较大外，大多数物质在水溶液的浓度变化热并不大，不会影响整个过程的热效应，因此，一般可不予考虑。

　　某些物质在水溶液中的浓度变化热可直接从有关手册或资料中查得，也可根据溶解热或稀释热的数据来计算。

　　（1）积分溶解热　恒温恒压下，将 1mol 溶质溶解于 n mol 溶剂中，该过程所产生的热效应称为积分溶解热，简称溶解热，用符号 ΔH_s 表示。常见物质在水中的积分溶解热可从有关手册或资料中查得。表 6-4 中列出了 H_2SO_4 水溶液的积分溶解热。

表 6-4　25℃时，H_2SO_4 水溶液的积分溶解热

H_2O 物质的量 n/mol	积分溶解热 ΔH_s/(kJ/mol)	H_2O 物质的量 n/mol	积分溶解热 ΔH_s/(kJ/mol)
0.5	15.74	50	73.39
1.0	28.09	100	74.02
2	41.95	200	74.99
3	49.03	500	76.79
4	54.09	1000	78.63
5	58.07	5000	84.49
6	60.79	10000	87.13
8	64.64	100000	93.70
10	67.07	500000	95.38
25	72.35	∞	96.25

注：表中积分溶解热的符号规定为放热为正、吸热为负。

　　对于一些常用的酸、碱水溶液，也可将溶液的积分溶解热数据回归成相应的经验公式，以便于应用。

　　例如，硫酸的积分溶解热可按 SO_3 溶于水的热效应用下式估算：

$$\Delta H_s = \frac{2111}{\frac{1-m}{m}+0.2013} + \frac{2.989(t-15)}{\frac{1-m}{m}+0.062} \tag{6-18}$$

式中　ΔH_s——SO_3 溶于水形成硫酸的积分溶解热，kJ/kgH_2O；

　　　m——以 SO_3 计，硫酸的质量分数；

　　　t——操作温度，℃。

　　又如，硝酸的积分溶解热可用下式估算：

$$\Delta H_s = \frac{37.57n}{n+1.757} \tag{6-19}$$

式中　ΔH_s——硝酸的积分溶解热，kJ/molHNO$_3$；

　　　n——溶解 1mol HNO$_3$ 的 H_2O 的物质的量，mol。

　　再如，盐酸的积分溶解热可用下式估算：

$$\Delta H_s = \frac{50.158n}{1+n} + 22.5 \tag{6-20}$$

式中　ΔH_s——盐酸的积分溶解热，kJ/molHCl；

　　　n——溶解 1mol HCl 的 H_2O 的物质的量，mol。

　　（2）积分稀释热　恒温恒压下，将一定量的溶剂加入到含 1mol 溶质的溶液中，形成较

稀的溶液时所产生的热效应称为积分稀释热，简称稀释热。显然，两种不同浓度下的积分溶解热之差就是溶液由一种浓度稀释至另一种浓度的积分稀释热。例如，向由 $1mol\ H_2SO_4$ 和 $1mol\ H_2O$ 组成的溶液中加入 $5mol$ 水进行稀释的过程可表示为：

$$H_2SO_4\ (1mol\ H_2O) + 5H_2O \xrightarrow{Q_p} H_2SO_4\ (6mol\ H_2O)$$

由表 6-4 可知，$1mol\ H_2SO_4$ 和 $6mol\ H_2O$ 组成的 H_2SO_4 水溶液的积分溶解热为 $60.79kJ/mol$，$1mol\ H_2SO_4$ 和 $1mol\ H_2O$ 组成的 H_2SO_4 水溶液的积分溶解热为 $28.09kJ/mol$，则上述稀释过程的浓度变化热或积分稀释热为：

$$Q_p = (60.79 - 28.09) \times 1mol = 32.70kJ$$

例 6-6 磺化反应过程中共滴入 $25℃$ 浓度为 88% 的硫酸 $1000kg$，反应结束时废酸的量为 $640kg$，废酸中硫酸的质量分数为 68%，其余为水。求反应过程中硫酸的浓度变化热。

解 反应开始时：

H_2SO_4 的物质的量为 $\quad m_1 = \dfrac{1000 \times 10^3 \times 0.88}{98} = 8979.6mol$

H_2O 的物质的量为 $\quad l_1 = \dfrac{1000 \times 10^3 \times 0.12}{18} = 6666.7mol$

比值 $n_1 = \dfrac{6666.7}{8979.6} = 0.7424$

查得 $\Delta H_{s_1} = 21.73kJ/mol$

反应结束时：

H_2SO_4 的物质的量为 $\quad m_2 = \dfrac{640 \times 10^3 \times 0.68}{98} = 4440.8mol$

H_2O 的物质的量为 $\quad l_2 = \dfrac{640 \times 10^3 \times 0.32}{18} = 11377.8mol$

比值 $n_2 = \dfrac{11377.8}{4440.8} = 2.56$

查得 $\Delta H_{s_2} = 45.93kJ/mol$

由盖斯定律：

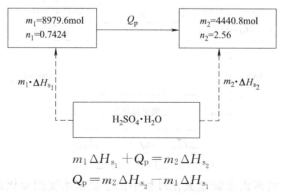

$$m_1 \Delta H_{s_1} + Q_p = m_2 \Delta H_{s_2}$$
$$Q_p = m_2 \Delta H_{s_2} - m_1 \Delta H_{s_1}$$

将数据代入上式，可求出磺化过程中由于硫酸浓度的变化而产生的热效应为：

$$Q_p = 4440.8 \times 45.93 - 8979.6 \times 21.73 = 8.84 \times 10^3 kJ$$

浓度变化热也可用稀释热或无限稀释热来求取。将一定数量的溶剂加入到含 $1mol$ 溶质的溶液中去，形成较稀的溶液时所产生的热效应称积分稀释热，简称稀释热。当加入的溶剂（一般是水）量为无限大时，其热效应称无限稀释热，用符号 ΔH_{id} 表示。表 6-5 为盐酸溶液的无限稀释热数据。利用无限稀释热求浓度变化热的方法见例 6-7。

表 6-5　盐酸溶液的无限稀释热

HCl 质量分数/%	$H_2O/HCl/(kg/kg)$	$\Delta H_{id}/(kJ/molHCl)$
0.0625	1600	1222.5
0.25	400	611.3
0.5	200	423.0
1	100	291.2
1.96	50	183.8
3.85	25	154.9
4.76	20	144.3
6.25	15	133.7
7.7	12	127.4
9.1	10	123.9
16.7	5	117.2
25.0	3	113.8
30.0	2.33	102.9

例 6-7　苯胺重氮化反应中盐酸的浓度由 30% 降低到 1.21%（均为质量分数）。已知反应中投入 30% 盐酸 2571kg，反应中实际消耗 HCl 量为 673.8kg。计算反应中由于盐酸的浓度变化而产生的热效应。

解　设状态 1 为反应开始时状态，此时，浓度为 30% 的 2571kg 盐酸中含纯 HCl 的物质的量为：

$$m_1=\frac{2571\times0.3}{36.5}=21.13\text{kmol}$$

由表 6-5 查得 30% 盐酸无限稀释热 $\Delta H_{id_1}=102.9kJ/molHCl$。

状态 2 为反应结束时状态，浓度为 1.21% 的盐酸含纯 HCl 的物质的量为：

$$m_2=\frac{21.13-673.8}{36.5}=2.67\text{kmol}$$

由表 6-5 查得相应的无限稀释热 $\Delta H_{id_2}=267.7kJ/mol\ HCl$（用内插法读取）。

由盖斯定律及图 6-2 可知：

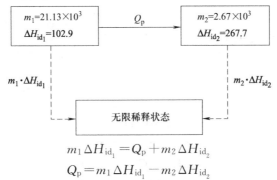

$$m_1\Delta H_{id_1}=Q_p+m_2\Delta H_{id_2}$$
$$Q_p=m_1\Delta H_{id_1}-m_2\Delta H_{id_2}$$

将数据代入上式，可求出苯胺重氮化过程中由于盐酸浓度的变化而产生的热效应：

$$Q_p=21.13\times10^3\times102.9-2.67\times10^3\times267.7=1.46\times10^6kJ$$

四、常用加热剂和冷却剂

通过热量衡算求出热负荷，根据工艺要求以及热负荷的大小，可选择合适的加热剂或冷却剂，进一步求出所需加热剂或冷却剂的量，以便知道能耗，制定用能措施。

加热过程的能源选择主要为热源的选择，冷却或移走热量过程主要为冷源的选择。常用的热源有蒸汽、热水、导热油、电、熔盐、烟道气等，常用的冷源有冷却水、冰、冷冻盐水、液氨等。

1. 加热剂、冷却剂的选用原则

选用加热剂和冷却剂的原则可归纳为下列几项：

① 在较低压力下可达到较高温度。

② 化学稳定性高。

③ 没有腐蚀作用。

④ 热容量大。

⑤ 冷凝热大。

⑥ 无火灾或爆炸危险性。

⑦ 无毒性。

⑧ 温度易于调节。

⑨ 价格低廉。

一种加热剂或冷却剂同时满足这些要求是不可能的，应根据具体情况进行分析，选择合适的加热剂或冷却剂。

2. 常用加热剂和冷却剂的性能特点和物性参数

表 2-1、表 2-2 中给出了常用加热剂和冷却剂的性能特点和物性参数。

五、热量衡算举例

例 6-8   甲苯用浓硫酸磺化，其过程的物料衡算数据如表 6-2 所示。已知加入甲苯和浓硫酸的温度均为 30℃，脱水器的排水温度为 65℃，磺化液的出料温度为 140℃，甲苯与硫酸的标准化学反应热为 117.2kJ/mol（放热），设备（包括磺化釜、回流冷凝器和脱水器，下同）升温所需的热量为 1.3×10^5 kJ，设备表面向周围环境的散热量为 6.2×10^4 kJ，回流冷凝器中冷却水移走的热量共 9.8×10^5 kJ。试对甲苯磺化过程进行热量衡算。

物料衡算数据如表 6-2 所示。有关热力学数据为：原料甲苯的定压比热容为 1.71kJ/(kg·℃)；98% 硫酸的定压比热容为 1.47kJ/(kg·℃)；磺化液的平均定压比热容为 1.59kJ/(kg·℃)；水的定压比热容为 4.18kJ/(kg·℃)。

解   对甲苯磺化过程进行热量衡算的目的是为了确定磺化过程中的补充加热量。依题意可将甲苯磺化装置（包括磺化釜、回流冷凝器和脱水器等）作为衡算对象。此时，输入及输出磺化装置的物料还应包括进、出回流冷凝器的冷却水，其带出和带入热量之差即为回流冷凝器移走的热量。若将过程的热效应作为输入热量来考虑，则可绘出如图 6-3 所示的热量衡算示意图。

图 6-3   甲苯磺化装置热量衡算示意图

则热量平衡方程式可表示为：

$$Q_1 + Q_2 + Q_3 = Q_4 + Q_5 + Q_6 + Q_7$$

取热量衡算的基准温度为25℃，则：

$$Q_1 = 1000 \times 1.71 \times (30-25) + 1100 \times 1.47 \times (30-25) = 1.66 \times 10^4 \, kJ$$

反应中共加入98%浓硫酸的质量为1100kg，其中含水22kg。若以SO_3计，98%硫酸的质量分数为80%。由式（6-18）得：

$$\Delta H_{s_1} = \frac{2111}{\frac{1-m}{m} + 0.2013} + \frac{2.989(t-15)}{\frac{1-m}{m} + 0.062}$$

$$= \frac{2111}{\frac{1-0.8}{0.8} + 0.2013} + \frac{2.989 \times (25-15)}{\frac{1-0.8}{0.8} + 0.062}$$

$$= 4773.4 \, kJ/kgH_2O$$

反应结束后，磺化液中含硫酸35.2kg，水21.4kg。以SO_3计，硫酸的质量分数为50.8%。则：

$$\Delta H_{s_2} = \frac{2111}{\frac{1-0.508}{0.508} + 0.2013} + \frac{2.989 \times (25-15)}{\frac{1-0.508}{0.508} + 0.062} = 1833.6 \, kJ/kgH_2O$$

Q_p为积分稀释热，即溶液由一种浓度稀释至另一种浓度的积分稀释热。根据盖斯定律：

$$Q_p = m_{\text{水}_1} \Delta H_{s_1} - m_{\text{水}_2} \Delta H_{s_2}$$

题中反应前硫酸中水的质量为22kg，反应后磺化液中水的质量为21.4kg，代入公式中得：

$$Q_p = 22 \times 4773.4 - 21.4 \times 1833.6 = 6.6 \times 10^4 \, kJ$$

化学反应热Q_c为反应消耗的硫酸物质的量与标准反应热乘积。计算公式为：

$$Q_c = \xi \Delta H_r^t$$

反应过程中硫酸与甲苯反应物质的量之比为1:1，则：

$$\xi = \frac{999 \times 98\% \times 1000}{92}$$

$$Q_c = \xi \Delta H_r^t = \frac{999 \times 98\% \times 1000}{92} \times 117.2 = 1.25 \times 10^6 \, kJ$$

$$Q_3 = Q_p + Q_c = 66 \times 10^4 + 1.25 \times 10^6 = 1.32 \times 10^6 \, kJ$$

根据公式（6-10），则：

$$Q_4 = 1906.9 \times 1.59 \times (140-25) + 193.1 \times 4.18 \times (65-25) = 3.81 \times 10^5 \, kJ$$

根据题意：

$$Q_5 = 1.3 \times 10^5 \, kJ$$

$$Q_6 = 6.2 \times 10^4 \, kJ$$

$$Q_7 = 9.8 \times 10^5 \, kJ$$

则：

$$Q_2 = Q_4 + Q_5 + Q_6 + Q_7 - Q_1 - Q_3$$

$$= 3.81 \times 10^5 + 1.3 \times 10^5 + 6.2 \times 10^4 + 9.8 \times 10^5 - 1.66 \times 10^4 - 1.32 \times 10^6$$

$$= 2.16 \times 10^5 \, kJ$$

可见，磺化过程需要补充热量$2.16 \times 10^5 \, kJ$。

根据热量衡算结果，可编制甲苯磺化过程的热量平衡表，如表6-6所示。

表 6-6　甲苯磺化过程热量平衡表

	项目名称	热量/kJ		项目名称	热量/kJ
输	甲苯:1000kg	1.66×10^4	输	磺化液:1906.9kg	3.81×10^5
	浓硫酸:1100kg			脱水器排水:193.1kg	
入	过程热效应	1.32×10^6	出	设备升温	1.3×10^5
	补充加热	2.16×10^5		设备表面散热	6.2×10^4
				冷却水带走热量	9.8×10^5
	合　计	1.55×10^6		合　计	1.55×10^6

📝思考题

1. 简述物料衡算的理论基础与基准。

2. 能量衡算的依据与目的是什么？

3. 在催化剂的作用下，乙醇脱氢可制备乙醛，同时脱去等物质的量的氢气。已知乙醇的进料温度为300℃，反应产物的温度为265℃，乙醇脱氢制乙醛反应的标准化学反应热为 -69.11kJ/mol（吸热），乙醇脱氢生成副产物乙酸乙酯的标准化学反应热为 -21.91kJ/mol（吸热），设备表面向周围环境的散热量可忽略不计。该过程为连续化操作。试对乙醇脱氢制乙醛过程进行热量衡算。

有关热力学数据为：乙醇的定压比热容为 0.110kJ/(mol·℃)；乙醛的定压比热容为 0.080kJ/(mol·℃)；乙酸乙酯的定压比热容为 0.169kJ/(mol·℃)；氢气的定压比热容为 0.029kJ/(mol·℃)。

📝自主设计项目

结合对乙酰氨基酚原料药的工艺路线与流程，进行相应的物料与能量衡算（可设定其年产值为1000吨）。

第七章 设备工艺设计与选型

知识目标

1. 熟悉设备工艺设计与选型的任务与步骤。
2. 掌握常见制药反应器的分类、材料、防腐方法与选型。
3. 熟悉常见搅拌器的类型与选型。
4. 掌握反应器的操作与维护。

能力目标

1. 能设计与选择合适的反应器与搅拌器。
2. 能选择合适的设备材质。
3. 会操作与维护反应器。

第一节 概　　述

工艺流程设计是工艺设计的核心，而设备工艺设计与选型则是工艺流程设计的主体，因为先进工艺流程能否实现，往往取决于能否提供相适应的设备。因此，对生产企业而言，设备工艺设计与选型很重要，是完成生产任务、获得良好效益的重要前提。

一、制药设备的分类

一般情况下，我们把主要用于制药工艺生产过程的设备称为制药设备，包括制药专用设备和非制药专用设备。设备的大小、结构和形式多种多样，按 GB/T 15692 将制药设备分为以下 8 类：

（1）原料药设备及机械　用于实现生物、化学物质转化或利用动物、植物、矿物来制取医药原料。其中包括反应设备、分离设备、换热设备、药用灭菌设备和储存设备等。

（2）制剂机械　是将原料药制成各种剂型的机械与设备。包括混合机、制粒机、压片机、包衣机等。

（3）药用粉碎机械　用于将药物粉碎（含研磨）并符合药品生产要求的机械。

（4）饮片机械　用于将天然药用动物、植物、矿物通过选、洗、润、切、烘、炒、煅等方法制取中药饮片。

（5）制药用水设备　为采用各种方法制取制药用水的设备。

（6）药品包装机械　为完成药品包装过程以及与包装过程相关的机械和设备。

（7）药物检测设备　为检测各种药物制品或半制品质量的仪器和设备。

（8）制药辅助设备　为执行非主要制药工序的有关机械和设备。

通常情况下，制药设备可分为两大类：一类为标准设备或定型设备；另一类为非标准设备或非定型设备。标准设备是由设备厂家成批成系列生产的，可以买到成品；而非标准设备则是需要专门设计的特殊设备，是根据工艺要求，通过工艺及机械计算而设计，然后提供给有关工厂进行制造。选择设备时，应尽量选择标准设备。

在制药工艺设计中，对于标准设备的选型，可从产品目录、样本手册、相关手册、期刊广告和网上查到其规格和牌号。对于非标准设备，需要按工艺提出的条件去设计制造设备，通过相关计算，提出形式、材料、尺寸和其他一些要求，由制药或化工设备专业进行工程机械加工设计，由有关机械加工厂制造。

二、设备工艺设计与选型的任务

设备工艺设计与选型的任务主要有以下几项：

（1）确定单元操作所用设备的类型。这项工作要根据工艺要求来进行。例如制药生产中遇到固液分离过程，就需要确定是采用过滤机还是离心机这样的设备类型问题。

（2）根据工艺要求决定工艺设备的材料。

（3）确定标准设备型号或牌号以及台数。

（4）对于已有标准图纸的设备，确定标准图图号和型号。

（5）对于非定型设备，通过设计与计算，确定设备主要结构和工艺尺寸，提出设备设计条件单。

（6）编制工艺设备一览表。

当设备选型与设计工作完成后，将结果按定型设备和非定型设备编制设备一览表，作为设计说明书的组成部分，并为下一步施工图设计以及其他非工艺设计提供必要的条件。

三、设备工艺设计与选型的原则

在设备的工艺设计与选型过程中首先要考虑设备的适用性是否能达到药品生产质量的预期要求，充分考虑设计的要求和各种标准设备的规格、性能、技术特征、技术参数、使用条件、设备特点、动力消耗、配套的辅助设施、防噪声和减振等有关数据以及设备的价格。此外，还要考虑工厂的经济能力和技术素质。设备设计与选型应考虑以下几个方面：

1. 满足工艺要求

设备的选择和设计必须充分考虑生产工艺的要求，包括：

① 选用的设备能与生产规模相适应，并应获得最大的单位产量；

② 能适应产品品种变化的要求，并确保产品质量；

③ 操作可靠，能降低劳动强度，提高劳动生产率；

④ 有合理的温度、压强、流量、液位的检测、控制系统；

⑤ 能改善环境保护。

2. 符合相关规定

满足《药品生产质量管理规范》中有关设备选型、选材的要求。

3. 设备要成熟可靠

设备选型应成熟可靠，不允许把不成熟或未经生产考验的设备用于设计，对于从国外引进的设备也不例外。同时，设备在材质方面也要求可靠。

4. 满足设备结构上的要求

设备结构上的要求主要指具有合理的强度、足够的刚度、良好的耐腐蚀性，易于操作与

维修，易于运输等。

5. 技术经济指标

设备技术经济指标主要指生产强度（指设备的单位体积或单位面积在单位时间内所能完成的任务）、消耗系数（指生产单位质量或单位体积的产品所消耗的原料和能量）、设备价格、管理费用等。

另外，在选择设备时，不可只为某一个设备的合理而造成总体问题，要考虑它对前后设备的影响、对全局的影响。

四、设备工艺设计与选型的步骤

一般来说，设备工艺设计与选型工作一般分两个阶段进行：

第一阶段的设备工艺设计可在生产工艺流程草图设计前进行，内容包括：①计量和储存设备的容积计算和选定；②某些标准设备的选定，多属容积型设备；③某些属容积型的非定型设备的类型、台数和主要尺寸的计算和确定。

第二阶段的设备设计可在流程草图设计中交错进行。着重解决化学反应过程和后处理过程中单元操作的技术问题，对专业设备和通用设备进行设计或选型。例如：过滤面积、传热面积、干燥面积、蒸馏塔板数以及各种设备的主要尺寸等。最终确定所有工艺设备的类型、主要尺寸和台数。

五、定型设备选择

对于定型设备的选择，一般可分为如下 4 步进行：①通过工艺选择设备类型和设备材料；②通过物料计算数据确定设备大小、台数；③所选设备的检验计算，如过滤面积、传热面积、干燥面积等的校核；④考虑特殊事项。

六、非定型设备设计

应尽量在标准设备中选择设备，若选不到合适的设备，再进行设计。非定型设备的工艺设计是由工艺专业人员负责，提出具体的工艺设计要求，即设备设计条件单，然后提交给机械设计人员进行施工图设计。设计图纸完成后，返回给工艺专业人员核实条件并会签。

工艺专业人员提出的设备设计条件单，应包括以下内容：

（1）设备示意图　设备示意图中应表示出设备的主要结构形式、外形尺寸、重要零件的外形尺寸及相对位置、管口方位和安装条件等。

（2）技术特性指标　技术特性指标包括下列内容：①设备操作时的条件，如压力、温度、流量、酸碱度、真空度等；②流体的组成和相对密度等；③工作介质的性质，如是否有腐蚀性、是否易燃易爆、是否有毒性等；④设备的容积，包括全容积和有效容积；⑤设备所需传热面积，包括蛇管和夹套等；⑥搅拌器的类型、转速、功率等；⑦建议采用的材料。

（3）管口表　设备示意图中应注明管口的符号、名称和公称直径。

（4）设备的名称、作用和使用场所。

（5）其他特殊要求。

第二节　制药反应器设计与选型

一、反应器材料

常见制药反应器材料可以分为金属和非金属两类。

（一）金属材料

制药工业上采用较多的是金属材料，主要有碳钢、铸铁、不锈钢、铝、铅、铜及其合金。其中由于碳钢和铸铁具有良好的物理和机械性能，并且价格便宜、产量大，所以被广泛用于制造各种设备。金属材料的优点是机械加工性能良好，具有良好的导热性能，耐磨抗震，以及使用寿命较长等；其缺点是耐腐蚀性较差。

（1）铸铁　在药品生产设备中使用最多，常用的铸铁是灰口铸铁，广泛用来制作机身、机架、底座、箱体、箱盖等受压而不受较大冲击力的部件。

（2）碳素钢　可分为普通碳素结构钢、优质碳素结构钢和碳素工具钢（简称工具钢）。普通碳素结构钢常制成钢筋、钢管、型材（如角钢、槽钢等），焊接制作机架等支撑部件，或轧成薄板制作设备外壳，也可制作小轴、螺栓、拉杆、法兰等。优质碳素结构钢根据含碳量的大小又分为低碳钢（牌号 05～25）、中碳钢（牌号 30～50）和高碳钢（牌号 50～85）。低碳钢的塑性、韧性较好，常用来制作螺钉、螺帽等紧固件。中碳钢的强度较高，淬火后可具备适当的硬度，主要用于连杆、齿轮、轮轴等受力较大、需要适当硬度的机械零件，这类钢材的使用范围最广。高碳钢具有较高的强度和弹性，增大含锰（Mn）量更适合制作弹簧、钢丝绳等。碳素工具钢常见的牌号有 T8、T9、T10、T11、T12，"T"后面的数字越大，含碳量越高。数字后面加"A"表示是高级优质钢。用于制造刃具、量具、模具和其他工具。

（3）合金钢　是指炼钢时加入适量其他金属得到的具备各种特殊性能的合金钢。例如：炼钢时加入适量的铬（Cr）可得到制作轴承的专用合金钢。

（4）不锈钢　是药品生产设备常用到的具有耐腐蚀能力的合金钢。常用的不锈钢有铬不锈钢和铬镍不锈钢两类。铬不锈钢含碳量较高，淬火后硬度较高。用于制作不锈钢弹簧和需要较高硬度的不锈钢零件。铬镍不锈钢是药品生产设备使用最多的不锈钢。盛放、输送注射用水或无菌制剂药液的贮槽、容器、管道等应使用不锈钢；盛放、输送纯化水或非无菌制剂药液的贮槽、容器、管道等也可使用不锈钢。

（5）有色金属　有色金属中，药品生产设备使用最多的是铜和铝。铜通常只用于制作导电、导热的零部件。工业纯铜强度不高，常用的铜合金是黄铜和青铜，利用它们的耐磨、不易生锈和导热、导电性能强的特性，制作相关零部件。铝通常利用其密度小、不易生锈和导热、导电性能制作零部件，可减轻设备重量，减小加工难度。常用的铝合金是形变铝合金（如：YL3 牌号的硬铝可用于制作铝合金瓶盖）和铸造铝合金。工业纯铝的强度和导热、导电性能比工业纯铜差，可部分替代工业纯铜。

（二）非金属材料

常见的非金属材料有水泥、人造石墨、特种陶瓷、合成橡胶、合成树脂（塑料）、合成纤维等。非金属材料耐腐蚀性好于金属材料，同时价格低廉，但其他性能较金属差。

（1）工程塑料　通常利用它们容易加工成型、耐腐蚀、具有绝缘性能和成本低的特点，替代金属制作设备零部件和接触酸碱的管道、容器。

（2）工业陶瓷　常用的有绝缘瓷、化工瓷和多孔过滤陶瓷。绝缘瓷用于电器绝缘；化工瓷用于制作耐腐蚀的容器、管道和设备零部件；多孔过滤陶瓷用于制作药液过滤设备的过滤部件。

（3）其他非金属材料　常用的有橡胶、合成纤维、玻璃和复合材料等，用量不大，种类繁多，这里不作详述。

二、金属设备防腐蚀常用的方法

制药工业所使用的设备种类较多，由于金属材料机械加工性能良好、导热性能良好、耐磨抗震以及使用寿命较长的优点，因而大多数制药设备为金属材料，金属设备防腐蚀问题就显得尤为重要。

"腐蚀"是金属材料和外部介质发生化学作用或电化学作用而引起的破坏。按造成腐蚀的原因可以将腐蚀分为化学腐蚀和电化学腐蚀，按金属腐蚀破坏形式可以将腐蚀分为全面腐蚀和局部腐蚀。

金属设备防腐蚀常用的方法有三种：衬覆保护层法；电化学保护法；处理介质保护法。

1. 衬覆保护层法

（1）金属覆盖保护层法　用耐腐蚀性能较好的金属或合金材料，覆盖耐腐蚀性能较差的主体金属设备，使其免于介质腐蚀的一种防腐蚀方法。

实施金属覆盖的方法主要有热镀、喷镀、电镀和化学镀。

（2）非金属涂层　非金属涂层一般为隔离性涂层，它的作用是将被保护的金属与腐蚀介质隔离开。

常用的无机涂层有搪瓷或玻璃涂层、硅酸盐水泥涂层和化学转化涂层。

有机涂层一般有涂料涂层、塑料涂层和硬橡皮涂层。

2. 电化学保护法

此法是根据电化学腐蚀原理对被保护的金属设备通一直流电进行极化，以消除或降低金属设备在腐蚀介质中的腐蚀速度。

金属的电化学腐蚀实质上是由于金属在腐蚀过程中形成原电池而引起的，这种原电池称为腐蚀电池，即金属材料与电解质溶液发生电化学反应而引起的腐蚀。

金属材料在电解质溶液中，在水分子的作用下，金属离子本身呈离子化。当金属离子与水分子的结合力大于金属离子与其电子的结合力时，一部分金属离子就从金属表面转移到电解质溶液中，从而形成双电层，即产生电化学腐蚀。

通常电化学腐蚀比化学腐蚀强烈得多，金属材料的腐蚀也多是由电化学腐蚀产生的。

电化学保护法主要分为：阴极保护法和阳极保护法。

（1）阴极保护法　使被保护的设备转变为阴极而被保护。这种方法是目前使用较为广泛的行之有效的方法之一，有"牺牲阳极"的阴极保护法和外加电流的阴极保护法两种。"牺牲阳极"保护法是在要保护的金属设备上连接一种负电性的金属。适用于作"牺牲阳极"的材料主要有锌、镁、铝和合金等。外加电流的阴极保护法是利用外加电流，使被保护的金属设备整个表面成为阴极，将腐蚀速度降到最低。这种方法需要很大的外加电流，成本较高，也不适用于几何形状复杂的金属设备，不常采用。

（2）阳极保护法　人为地给金属通以外加阳极电流，使金属设备的电位维持在一定范围，促使该金属钝化，从而降低金属的腐蚀速度，保护金属设备。

3. 处理介质保护法

处理介质保护法即除去介质中的有害物质或添加缓释剂，以防止金属的腐蚀。这种方法由于使用方便，见效快，所以发展很快。缓释剂的种类很多，一般分为无机缓释剂和有机缓释剂两种。

三、反应器的分类

由于各单元反应特点各异，所以对反应器的要求各不相同。工业反应过程不仅与反应本身的特性有关，而且与反应设备的特性有关。

1. 按反应器结构分类

按反应器结构可以把反应器分为釜式（槽式）、管式、塔式、固定床、流化床、移动床等多种，不同结构的反应器如图 7-1 所示。

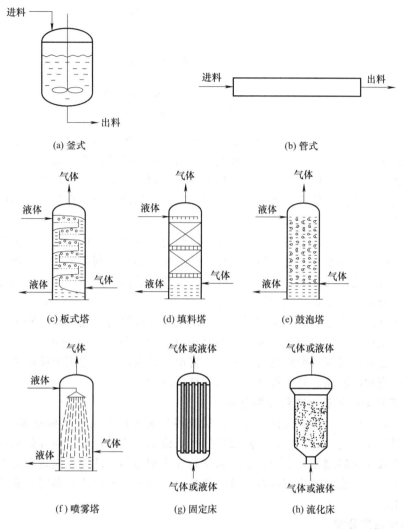

（a）釜式   （b）管式

（c）板式塔   （d）填料塔   （e）鼓泡塔

（f）喷雾塔   （g）固定床   （h）流化床

图 7-1　不同结构的反应器

釜式反应器应用十分广泛，除气相反应外，适用于其他各类反应，常见的是用于液相的均相或非均相反应过程。管式反应器大多用于气相均相反应过程和液相均相反应过程，以及气固、气液非均相反应过程。固定床、流化床、移动床大多用于气-固相反应过程。

2. 按反应物系相态分类

按反应物系相态可以把反应器分为均相与非均相两种类型。反应器按反应物系相态分类方法如图 7-2 所示。

均相反应器又可分为气相反应器和液相反应器两种，其特点是没有相界面，反应速率只与温度、浓度（压力）有关；非均相反应器中有气-固、气-液、液-液、液-固、固-固、气-液-固六种类型。在非均相反应器中存在相界面，总反应速率不但与化学反应本身的速率有关，而且与物质的传递速率有关，因而受相界面积的大小和传质系数大小的影响。

3. 按操作方式分类

按操作方式可以把反应器分为间歇式反应器、半间歇式反应器和连续式反应器。

间歇式反应器又叫批量式反应器，一般都是在釜式反应器中进行。其操作特点是将反应

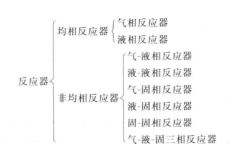

图 7-2　反应器按反应物系相态分类

物料一次加入到反应器中，按一定条件进行反应，在反应期间不加入或取出物料。当反应物达到所要求的转化率时停止反应，将物料全部放出，进行后续处理，清洗反应器进行下一批生产。间歇式反应器的操作简单，但劳动量大，设备利用率低，不宜自动控制。此类反应器适用于小批量、多品种、反应速率慢、不宜采用连续操作的场合，在制药、染料和聚合物生产中应用广泛。

连续式反应器，物料连续地进入反应器，产物连续排出，当达到稳定操作时，反应器内各点的温度、压力及浓度均不随时间而变化。此类反应器设备利用率高、处理量大，产品质量均匀，需要较少的体力劳动，便于实现自动化操作，适用于大规模的生产场合。常用于气相反应体系、液相反应体系和气-固相反应体系。

半间歇式（或称半连续式）反应器是介于间歇式反应器与连续式反应器之间的一种反应器，其特点是先在反应器中加入一种或几种反应物（但不是全部反应物），其他反应物在反应过程中连续加入，反应结束后物料一次全部排出。此类反应器适用于反应激烈的场合，或者要求一种反应物浓度高、另一种反应物浓度低的场合。

4. 按反应器与外界有无热量交换分类

按反应器与外界有无热量交换，可以把反应器分为绝热式反应器和外部换热式反应器。绝热式反应器在反应进行过程中，不向反应区加入或取出热量。当反应吸热或放热强度较大时，常把绝热式反应器制作成多段，在段间进行加热或冷却，此类反应器中温度与转化率之间呈直线关系。外部换热式反应器有直接换热式（混合式、蓄热式）和间接换热两种，此类反应器应用较广。

5. 按操作温度分类

按操作温度可以把反应器分为恒温式（等温式）反应器和非恒温式反应器。恒温式反应器内各点温度相等且不随时间变化，此类反应器多用于实验室中。工业上多用非恒温式反应器。

四、间歇操作釜式反应器

釜式反应器通用性很大，造价不高，用途最广。它可以连续操作，也可以间歇操作。国家已有 K 型和 F 型两类反应釜列成标准。K 型是有上盖的釜，形状上偏于"矮胖型"（长径比较小）。F 型没有上盖，形状则偏于"瘦长型"（长径比较大）。材质有碳钢、不锈钢、搪玻璃等几种。

在制药企业中，间歇操作釜式反应器是比较常用的一种反应器。此类反应器灵活通用，只要设计好搅拌，可以使釜温均一，浓度均匀，反应时间可长、可短，可以常压、加压、减压操作，范围较大，而且反应结束后，出料容易，釜的清洗方便，其机械设计亦十分成熟。

（一）间歇操作釜式反应器的特点

这类反应器的结构简单，加工方便，传质效率高，温度分布均匀，便于控制和改变工艺条件（如温度、浓度、反应时间等），操作灵活性大，便于更换品种、小批量生产，可以常压、加压、减压操作，清洗方便。它可用于均相反应，也可用于非均相反应。如非均相液相、液-固相、气-液相、气-液-固相等。在精细化工生产中，几乎所有的单元操作都可以在釜式反应器内进行。间歇操作釜式反应器的缺点：设备生产效率低，间歇操作的辅助时间有时占的比例较大。

（二）间歇操作釜式反应器的结构

间歇操作釜式反应器由釜体、换热装置、搅拌装置、轴封装置、传动装置和工艺接管等部分组成。搅拌釜式反应器的基本结构见图7-3。

（1）釜体　用能耐腐蚀的金属和非金属材质制成，材料强度要求不太苛刻。形状一般为圆桶形，再配以釜底和釜盖。釜底的形状如图7-4，主要有平面形、椭圆形、球形和碟形等。平面形结构简单，容易制造，一般在釜体直径小、常压（或压力不大）条件下操作时采用，应用较少；椭圆形或碟形应用较多；球形多用于高压的情况。

（2）换热装置　加热或冷却反应物料，其结构形式主要有夹套式、蛇管式、列管式、外部循环式、直接火焰或电感加热等，如图7-5所示。

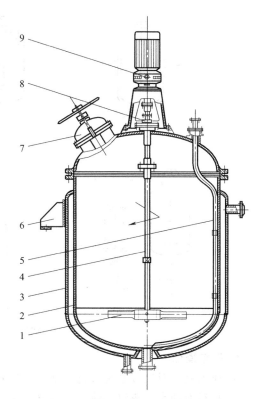

图7-3　搅拌釜式反应器的基本结构

1—搅拌器；2—罐体；3—夹套；4—搅拌轴；5—压料管；
6—支座；7—人孔；8—轴封；9—传动装置

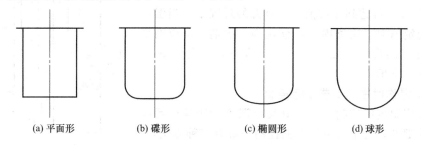

(a) 平面形　　(b) 碟形　　(c) 椭圆形　　(d) 球形

图7-4　几种常见反应器釜底的形状

（3）搅拌装置　由搅拌轴和搅拌电机组成，用来传质和传热。

（4）轴封装置　用来防止釜的主体与搅拌轴之间的泄漏。主要有填料密封和机械密封两种，还可用新型密封胶密封。

（5）传动装置　包括电机、减速器、联轴器和搅拌轴。

（6）工艺接管　包括加料管、出料管、视镜、人孔、测温孔及测压孔等。除出料管口外，其他工艺接口一般都开在顶盖上。人孔的形状有圆形和椭圆形两种。

（三）搅拌釜式反应器的操作

搅拌釜式反应器的操作一般包括：开车操作、反应系统的操作控制和停车操作。下面以图7-6所示的搅拌釜反应系统为例介绍一下具体的操作过程。

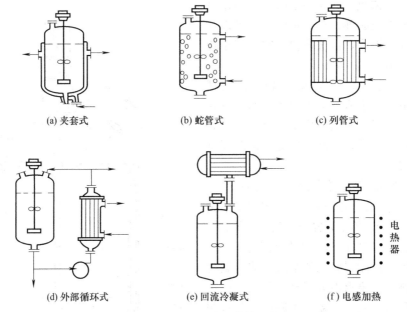

(a) 夹套式　　　　　(b) 蛇管式　　　　　(c) 列管式

(d) 外部循环式　　　(e) 回流冷凝式　　　(f) 电感加热

图 7-5　常见换热装置结构示意图

1. 开车操作

① 通入氮气对聚合系统进行试漏，氮气置换。检查转动设备的润滑情况。

② 投运冷却水、蒸汽、热水、氮气、工厂风、仪表风、润滑油、密封油等系统。

③ 投运仪表、电气、安全连锁系统；往反应釜中加入反应物料和溶剂；当釜内液体淹没最低一层搅拌叶后，启动聚合釜搅拌器，继续往釜内加入原料或溶剂，直到达正常料位为止。

④ 升温使釜温达到正常值。在升温的过程中，当温度达到某一规定值时，向釜内加入催化剂、溶剂、反应助剂等，并同时控制反应温度、压力、反应釜料位等工艺指示，使之达正常值。

2. 正常操作时主要工艺指标控制

（1）反应温度的控制　控制好反应温度对于反应系统操作是最关键的，对于反应温度的控制一般有三种方法：

① 夹套冷却水换热法。

② 气相外循环换热法，如图 7-6 所示，循环风机 C、气相换热器 E_1 和聚合釜组成气相外循环系统，通过气相换热器 E_1 能够调节循环气体的温度，并使其中的易冷凝气相冷凝，冷凝液流回反应聚合釜，从而达到控制反应聚合温度的目的。

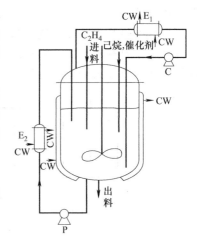

图 7-6　搅拌釜反应系统

C—循环风机；P—浆液循环泵；
E_1—气相换热器；E_2—浆液换热器

③ 浆液循环泵 P、浆液换热器 E_2 和聚合釜组成浆液外循环系统，通过浆液换热器 E_2 能够调节循环浆液的温度，从而达到控制聚合温度的目的。

（2）反应釜压力控制　在反应温度恒定的情况下，对反应釜压力的控制根据反应体系的相态不同而采用相应的方法。

① 反应体系为气相时，主要通过原料和催化剂的加料量来控制。

② 反应物料为液相时，反应釜压力主要决定原料的蒸汽分压。

③ 反应釜气相中，不凝的惰性气体的含量过高是造成反应釜压力超高的原因之一，此时需放火炬，以降低釜内的压力。

（3）反应釜液位控制 反应釜液位应该严格控制，料位控制过低，产率低；料位控制过高，甚至满釜，就会造成聚合浆液进入换热器、风机等设备中，导致发生事故。一般反应釜液位控制在70%左右。对于连续操作是通过出料速率来控制的，所以必须有自动液位控制系统，以确保釜液准确控制。

（4）反应浆液浓度控制 浆液过浓，会使搅拌器电机电流过高，引起超负载跳闸、停转，造成釜内聚合物结块，甚至引发"飞温"、"爆聚"等事故。反应浆液浓度控制主要是通过催化剂加入量来调节。

3. 停车操作

停车操作必须严格执行操作程序。

4. 常见事故处理

发生反应温度失控时，应立即停进原料和催化剂，增加溶剂进料量，加大循环冷却水量，紧急放火炬泄压，向后序系统排放反应浆液。

搅拌停止是发生"爆聚"事故的主要原因之一，所以当搅拌停止时，需及时采取相应的措施。

五、反应器的设计与选型

熟悉反应器的分类、特点、适用范围及注意事项对于反应器的工艺设计与选型会有很大帮助。当然在设备工艺设计与选型过程中会涉及具体的工艺设计与选型步骤，一些反应器的容积、数量，各工序之间设备平衡问题的相关计算。

1. 釜式反应器的设计与选型步骤

一般情况下，釜式反应器的设计与选型步骤如下：

① 确定反应釜操作方式；

② 汇总设计基础数据；

③ 计算反应釜体积；

④ 确定反应釜体积和台数；

⑤ 反应釜直径和筒体高度、封头确定；

⑥ 传热面积计算和校核；

⑦ 搅拌器设计；

⑧ 管口和开孔设计，确定其他设施；

⑨ 轴密封装置；

⑩ 画出反应器设计草图（条件图），或选出型号。

2. 间歇操作釜式反应器的容积和数量计算

当设计一个车间或一套装置时，需要求算需用反应器的容积和数量。由物料衡算求出每小时需处理的物料体积后，即可进行反应釜的体积和数量的计算。计算时，在反应釜体积 V 和数量 n 这两个变量中必须先确定一个。由于数量一般不会很多，通常可以用几个不同的 n 值来算出相应的 V 值，然后再决定采用哪一组 n 和 V 值比较合适。

从提高劳动生产率和降低设备投资来考虑，选用体积大而只数少的设备，比选用体积小而只数多的设备有利，但是还要考虑其他因素进行全面比较。例如大体积设备的加工和检修条件是否具备，厂房建筑条件（如厂房的高度、大型设备的支撑构件等）是否具备，有时还要考虑大型设备的操作工艺和生产控制方法是否成熟。从近年来国内外化工生产的发展趋势来看，搅拌釜的大型化是今后的发展趋势。在国外化工厂里，容积达 $50\sim100\text{m}^3$ 的反应釜已不罕见，在我国，容积为 30m^3 的大型聚合釜已成功投入生产。

（1）给定 V，求 n 每天需操作的批次为：

$$\alpha=\frac{24V_0}{V_R}=\frac{24V_0}{\varphi V}$$

式中　α——每天操作批次；

V_0——每小时处理的物料体积，m^3/h；

V_R——反应器有效容积，即反应区域，m^3；

V——反应器容积，m^3；

φ——装料系数。

实际生产中，由于搅拌、发生泡沫等原因，物料不能装满，所以间歇反应釜的容积要较有效容积大。反应器有效容积 V_R 与实际容积 V 之比称为设备装料系数，以符号 φ 表示。其具体数值根据实际情况而变化，可参考表 7-1。

表 7-1　设备装料系数

条　件	装料系数 φ 范围	条　件	装料系数 φ 范围
不带搅拌或搅拌缓慢的反应釜	0.8~0.85	易起泡沫和在沸腾下操作的设备	0.4~0.6
带搅拌的反应釜	0.7~0.8	贮槽和计量槽（液面平静）	0.85~0.9

每天每只反应釜可操作的批次为：

$$\beta=\frac{24}{t}=\frac{24}{\tau+\tau'}$$

式中　β——每天每只釜操作批次；

t——操作周期，h；

τ——反应时间，h；

τ'——辅助时间，h。

操作周期 t 又称工时定额，是指生产每一批物料的全部操作时间。由于间歇反应器是分批操作，其操作时间由两部分构成：一是反应时间，用 τ 表示；二是辅助时间，即装料、卸料、检查及清洗设备等所需时间，用 τ' 表示。如果 τ 很小，而 τ' 相对来说较大，则反应器大部分时间不是在进行化学反应，而是为加料、出料、清洗等辅助操作所占据。因此，间歇釜用于快速反应是不合适的。实际生产中，液相反应的反应时间一般比较长（τ 为 τ' 的几倍乃至几十倍），这就是间歇反应釜在制药生产中获得广泛应用的原因之一。

生产过程需用的反应釜数量 n' 可按下式计算：

$$n'=\frac{\alpha}{\beta}=\frac{V_0(\tau+\tau')}{\varphi V}$$

式中　n'——反应釜数量，只。

由上式计算得到的 n' 值通常不是整数，需圆整成整数 n。这样反应釜的生产能力较计算要求提高了，其提高程度称为生产能力的后备系数，以 δ 表示，即：

$$\delta=\frac{n}{n'}$$

式中　δ——后备系数；

n——圆整后的反应釜数量，只。

后备系数一般在 $1.1\sim1.15$ 较为合适。

反应器有效容积 V_R 按下式计算：

$$V_R = \varphi V = V_0(\tau + \tau')$$

（2）给定 n，求 V　有时由于受生产厂房面积的限制或工艺过程的要求，先确定了反应的数量 n，此时每台反应釜的容积可按下式求得：

$$V = \frac{V_0(\tau + \tau')\delta}{\varphi n}$$

计算出的 V 的确定需圆整成标准的反应釜容积，详见有关的《化工工艺设计手册》。

例 7-1　苯醌（A）与环戊二烯（B）合成 5,8-桥亚甲基-5,8,9,10-四氢-α-萘醌（R），反应在良好搅拌的间歇反应釜中进行，容积变化可忽略，每小时出料（R）$0.83 m^3$，操作周期为 13h（τ 为 11h，τ' 为 2h）。求所用反应器的容积。设备装料系数取 0.75。

解　需要设备总体积为：

$$nV = \frac{V_0 t}{\varphi} = \frac{0.83 \times 13}{0.75} = 14.39 m^3$$

可取 2 只釜，即 $n=2$，每只釜的容积为：

$$V = \frac{14.39}{2} = 7.2 m^3$$

3. 各工序之间设备平衡相关计算

在通常情况下，加料、出料、清洗等辅助时间是不会太长的。但当前后工序设备之间不平衡时，就会出现前工序操作完了要出料、后工序却不能接受来料，或者后工序待接受来料、前工序尚未反应完毕的情况。这时将大大延长辅助操作的时间。

一种药品的生产一般须经过许多道工序，设计时必须考虑到各道工序之间在操作上的前后协调。比如前一道工序操作终了准备出料时，下道工序应保证接受来料。为了便于生产的组织管理和产品的质量检验，通常要求不同批号的物料不相混，这样就应保证各道工序每天操作总批数 α 都相等。

$$\alpha_1 = \alpha_2 = \cdots = \alpha_n$$

这样做有利于生产的组织管理和产品质量检查，不同批号的物料不会相混。在某些情况下，也可以设置中间贮存设备，则前后两道工序的 α 可以不相等。

总操作批数相等的条件是：

$$n_1\beta_1 = n_2\beta_2 = \cdots = n_n\beta_n$$

或

$$\frac{n_1}{\tau_1} = \frac{n_2}{\tau_2} = \cdots = \frac{n_n}{\tau_n}$$

即各工序的设备个数与其操作周期之比相等。

同时还要使各工序的设备容积之间保持互相平衡，即：

$$\frac{V_{D1}}{V_1\varphi_1} = \frac{V_{D2}}{V_2\varphi_2} = \cdots\cdots = \frac{V_{Dn}}{V_n\varphi_n}$$

式中　V_D——每天处理物料总体积，$V_D = 24V_0$。

设计一般先确定主要反应工序的设备容积与个数，以及每天总操作次数 α_1，然后使其他各工序的 α 值都等于 α_1，再确定各道工序的设备容积与数量。

例 7-2　萘酚车间的磺化工段有四道工序：磺化、水解、吹萘及中和。现有铸铁磺化釜的规格 $2 m^3$、$2.5 m^3$、$3 m^3$ 三种，试设计各工序的设备容积与数量。已知各工序的 V_D、φ 及 t 如下表：

工 序	V_D/m^3	t/h	φ
磺化	20.0	4.0	0.8
水解	21.25	1.5	0.85
吹萘	30.0	3.0	0.6
中和	113.5	5.0	0.6

解 (1) 磺化工序的计算

取三种不同容积的磺化釜分别计算，$V=2m^3$ 时：

每天操作批次 $\quad \alpha = \dfrac{V_D}{\varphi V} = \dfrac{20}{0.8 \times 2} = 12.5$

每台设备每天操作批次 $\quad \beta = \dfrac{24}{t} = \dfrac{24}{4} = 6$

所需设备数量 $\quad n' = \dfrac{\alpha}{\beta} = \dfrac{12.5}{6} = 2.08$

圆整，取 $\quad n=3$

设备后备系数 $\quad \delta = \dfrac{n}{n'} = \dfrac{3}{2.08} = 1.44$

再取 $V=2.5m^3$ 与 $3.0 m^3$ 作同样计算，结果列于下表：

$V(m^3)$	φ	α	β	n'	n	δ
2.0	0.8	12.5	6	2.08	3	1.44
2.5	0.8	10.0	6	1.67	2	1.20
3.0	0.8	8.34	6	1.38	2	1.45

比较三种方案，选用 2 个 $2.5m^3$ 磺化釜较为符合设计任务。

(2) 水解及其他工序的计算

水解工序 取 $\alpha=10$

$$\beta = \frac{24}{1.5} = 16$$

$$n' = \frac{10}{16} = 0.625$$

圆整，取 $n=1$

$$\delta = \frac{n}{n'} = \frac{1}{0.625} = 1.6$$

水解釜容积：

$$V = \frac{V_D}{\alpha \varphi} = \frac{21.25}{10 \times 0.85} = 2.5m^3$$

以同样方法计算吹萘及中和两个工序，将各工序计算结果列于下表：

工序	V_D/m^3	α	β	n'	n	δ	φ	V/m^3
磺化	20.0	10	6	1.67	2	1.2	0.8	2.5
水解	21.25	10	16	0.625	1	1.6	0.85	2.5
吹萘	30.0	10	8	1.25	2	1.6	0.6	5.0
中和	113.5	10	4.8	2.08	3	1.44	0.6	19

例 7-3　某产品的生产过程由磺化、冷却中和、浓缩三道工序组成，磺化液和中和液均为液态，磺化釜的操作周期为 12h，冷却中和釜的操作周期为 4h，浓缩釜的操作周期为 8h。试确定适宜的设备配置方案。

该产品的生产过程有多种不同的设备配置方案，部分方案列于表 7-2 中。

表 7-2　多种设备配置方案

项　　目		磺化釜 操作周期 12h	冷却中和釜 操作周期 4h	浓缩釜 操作周期 8h	备　注
方案一	设备台数	1	1	1	
	每批操作折合成的产品量/日产品量	1	1	1	
	日总操作批数	1	1	1	
	每台设备日闲置时间/h	12	20	16	
方案二	设备台数	1	1	1	
	每批操作折合成的产品量/日产品量	0.5	0.5	0.5	
	日总操作批数	2	2	2	
	每台设备日闲置时间/h	0	16	8	
方案三	设备台数	1	1	1	磺化釜与冷却中和釜之间以及冷却中和釜与浓缩釜之间均设置中间贮罐
	每批操作折合成的产品量/日产品量	0.5	0.25	1/3	
	日总操作批数	2	4	3	
	每台设备日闲置时间/h	0	8	0	
方案四	设备台数	2	1	1	磺化釜与冷却中和釜之间以及冷却中和釜与浓缩釜之间均设置中间贮罐
	每批操作折合成的产品量/日产品量	0.25	1/6	1/3	
	日总操作批数	4	6	3	
	每台设备日闲置时间/h	0	0	0	
方案五	设备台数	2	1	2	磺化釜与冷却中和釜之间设置中间贮罐
	每批操作折合成的产品量/日产品量	0.25	1/6	1/6	
	日总操作批数	4	6	6	
	每台设备日闲置时间/h	0	0	0	

分析表 7-2 中的五种方案可知，从提高设备利用率的角度，方案一、方案二和方案三均不合理，这是因为这三种方案的全部或部分主要设备存在闲置时间；而方案四和五均是合理的设备配置方案，因为这两种方案的主要设备均满负荷工作，不存在闲置时间。

由方案四和方案五可知，为保持主要设备之间的能力平衡，提高设备利用率，设备台数、批生产能力和操作周期之间应满足下列关系：

$$\frac{以产品量计算的批生产能力}{日产品量}\times 设备台数\times \frac{24}{操作周期}=1$$

为保持主要设备之间的能力平衡，提高设备利用率，设备之间应根据需要设置中间贮罐。因设置中间贮罐而增加的设备投资将远小于设备改进或更换的资金。

第三节　制药常用搅拌器

原料药生产的许多过程都是在有搅拌器的釜式反应器中进行的。通过搅拌，可以加速物料之间的混合，提高传热和传质速率，促进反应的进行或加快物理变化过程。

一、搅拌过程

通过搅拌可以使物料质点相互接触，使反应介质充分混合，增加表面吸附作用，促进析出均匀的结晶，提高热量的传递速率。

高速旋转的搅拌器使釜内液体产生轴向和切向运动。液体的轴向分速度可使液体形成如图 7-7 所示的总体循环流动，起到混合液体的作用；而切向分速度使釜内液体产生圆周运动，并形成旋涡，能将物料打碎，不利于液体的混合，在搅拌过程中会产生总体循环流动。

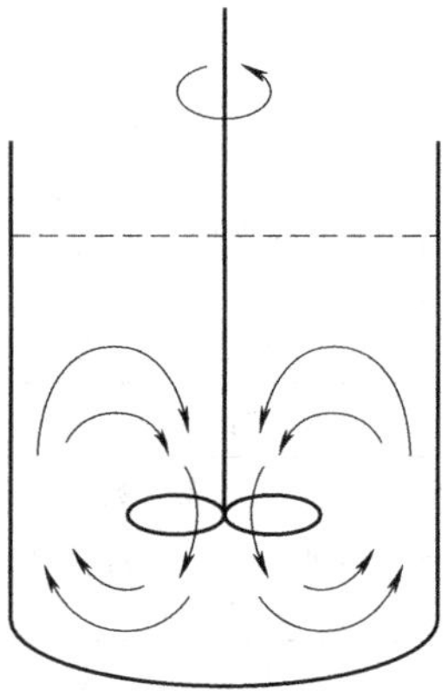

二、搅拌器的分类

搅拌器一般根据直径和搅拌速度分为两大类：小直径高转速搅拌器和大直径低转速搅拌器。

图 7-7　搅拌器总体循环流动

1. 小直径高转速搅拌器

小直径高转速搅拌器又分为推进式搅拌器和涡轮式搅拌器两类。小直径高转速搅拌器适用于低黏度液体的搅拌。

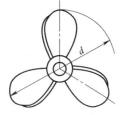

图 7-8　三叶推
进式搅拌器

（1）推进式搅拌器　推进式搅拌器实质上是一个无外壳的轴流泵，图 7-8 是常见的三叶推进式搅拌器的结构示意图。推进式搅拌器的循环速度高，叶端圆周速度一般为 $5 \sim 15 \text{m/s}$，适用于黏度小于 $2 \text{Pa} \cdot \text{s}$ 液体的搅拌。推进式搅拌器直径 d 与搅拌釜内径 d_t 之比为 $0.2 \sim 0.5$，搅拌转速为 $100 \sim 500 \text{r/min}$。当转速高时，剪切作用也很大，能产生很强的轴向流。因此，推进式搅拌器适用于以宏观混合为目的的搅拌过程，尤其适用于要求容器上下均匀的场合，如制备固体悬浮液的情况。

（2）涡轮式搅拌器　涡轮式搅拌器实质上是一个无泵壳的离心泵，按照有无圆盘可分为圆盘涡轮搅拌器和开启涡轮搅拌器；按照叶轮类型可分为直叶、折叶和弯叶涡轮搅拌器，如图 7-9 所示。涡轮搅拌器直径 d 与釜内径 d_t 之比为 $0.2 \sim 0.5$，以 0.33 居多。转速较高，一般为 $10 \sim 300 \text{r/min}$。适用于低黏度或中等黏度液体的搅拌（黏度小于 $50 \text{Pa} \cdot \text{s}$）。涡轮式搅拌器的循环速度高，剪切作用也大。它既产生很强的径向流，又产生较强的轴向流。

2. 大直径低转速搅拌器

大直径低转速搅拌器又分为桨式搅拌器、锚式和框式搅拌器、螺带式和螺杆式搅拌器等。对于中高黏度液体的搅拌，宜采用大直径低转速搅拌器。

（1）桨式搅拌器　桨式搅拌器的旋转直径一般为釜径的 $0.35 \sim 0.8$ 倍，用于高黏度液体时可达釜径的 0.9 倍以上，桨叶宽度为旋转直径的 $1/10 \sim 1/4$，常用转速为 $1 \sim 100 \text{r/min}$，叶端圆周速度为 $1 \sim 5 \text{m/s}$。

平桨式搅拌器可使液体产生切向和径向运动，可用于简单的固液悬浮、溶解和气体

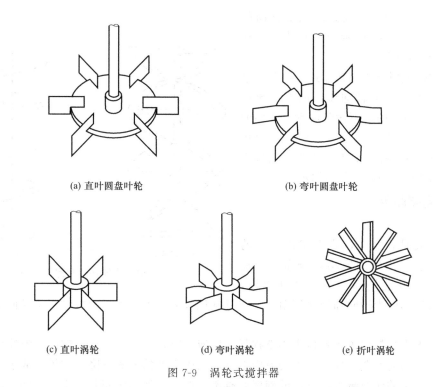

(a) 直叶圆盘叶轮　　　　　　　　　　(b) 弯叶圆盘叶轮

(c) 直叶涡轮　　　　　(d) 弯叶涡轮　　　　　(e) 折叶涡轮

图 7-9　涡轮式搅拌器

分散等过程。但是，即使是斜桨式搅拌器，所造成的轴向流动范围也不大，故当釜内液位较高时，应采用多斜桨式搅拌器，或与螺旋桨配合使用。当旋转直径达到釜径的 0.9 倍以上，并设置多层桨叶时，可用于较高黏度液体的搅拌。图 7-10 为几种桨式搅拌器的结构示意图。

(a) 平桨式　　　　　　(b) 斜桨式　　　　　　(c) 多斜桨式

图 7-10　桨式搅拌器

（2）锚式和框式搅拌器　当液体黏度更大时，可按釜的形状，把桨式搅拌器做成锚式和

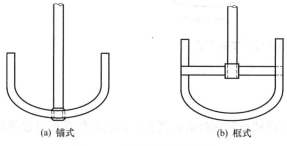

(a) 锚式　　　　　(b) 框式

图 7-11　锚式和框式搅拌器

框式，如图 7-11 所示。这种搅拌器的旋转直径 d 与搅拌釜的内径 d_t 接近相等，其比值为 0.9～0.98，间隙很小，转速很低，叶端圆周速度为 0.5～1.5m/s。其所产生的剪切作用很小，但搅动范围很大，不会产生死区，适用于高黏度液体的搅拌。在某些生产过程（如结晶）中，可用来防止器壁沉积现象。这种搅拌器基

本上不产生轴向流动，故难以保证轴向的混合均匀。如图 7-11 所示为锚式或框式搅拌器的结构示意图。

（3）螺带式搅拌器和螺杆式搅拌器　这两种搅拌器主要产生轴向流，加上导流筒后，可形成筒内外的上下循环流动。它们的转速都较低，通常不超过 50r/min，主要用于高黏度液体的搅拌。如图 7-12 所示为螺带式搅拌器和螺杆式搅拌器的结构示意。

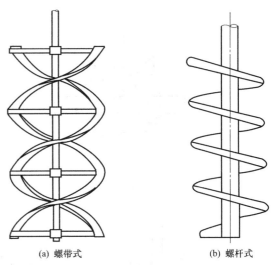

(a) 螺带式　　　　　(b) 螺杆式

图 7-12　螺带式搅拌器和螺杆式搅拌器

三、搅拌附件

1. 挡板

挡板一般是指竖向固定在釜内壁上的长条形板，沿釜内壁周向均匀分布。在釜内装设挡板，既能提高液体的湍动程度，又能使切向流动变为轴向和径向流动，防止打旋现象的发生。挡板的数目视釜径而定，一般为 2~4 块。

打旋是指当搅拌器置于容器中心搅拌低黏度液体时，若叶轮转速足够高，液体就会在离心力的作用下涌向釜壁，使釜壁处的液面上升，而中心处的液面下降，结果形成了一个大旋涡的现象。叶轮的转速越大，形成的旋涡就越深，但各层液体之间几乎不发生轴向混合，且当物料为多相体系时，还会发生分层或分离现象。更严重的是，当液面下凹至一定深度后，叶轮的中心部位将暴露于空气中，并吸入空气，使被搅拌液体搅拌效率下降。此外，打旋还会引起异常作用力和功率波动，加剧搅拌器的振动，甚至使其无法工作。

2. 导流筒

导流筒为一圆筒体，其作用是使桨叶排出的液体在导流筒内部和外部形成轴向循环流动。目的是控制流体流型和使釜内流体均匀地通过导流筒内的强烈混合区，提高混合效果。对于推进式搅拌器，导流筒应套在叶轮外部；而对涡轮式搅拌器，则应安装在叶轮上方。导流筒的安装方式如图 7-13 所示。

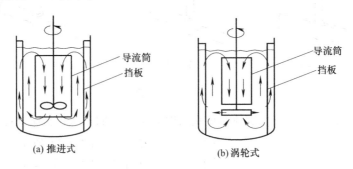

(a) 推进式　　　　　　　　　(b) 涡轮式

图 7-13　导流筒的安装方式

四、搅拌器的选型

1. 按物料黏度选型

一般情况下，低黏度物料体系可以选择高转速的搅拌器；高黏度的物料体系可以选择低转速的搅拌器。

2. 按搅拌过程的特点和主要控制因素选型

目前，对搅拌器的选型主要是根据实践经验，也可根据小试数据，采用适当方法进行放大设计，可按表7-3中的方法选择适宜的搅拌器。各种搅拌器的循环流量由大到小的排列顺序为：推进式、涡轮式、桨式。各种搅拌器剪切作用由大到小的排列顺序为：涡轮式、推进式、桨式。

表 7-3　搅拌器选型表

搅拌过程	主要控制因素	搅拌器类型
混合 （低黏度均相液体）	循环流量	推进式、涡轮式，要求不高时用桨式
混合 （高黏度液体）	1. 循环流量 2. 低转速	涡轮式、锚式、框式、螺带式、带横挡板的桨式
分散 （非均相液体）	1. 液滴大小（分散度） 2. 循环流量	涡轮式
溶液反应 （互溶体系）	1. 湍流强度 2. 循环流量	涡轮式、推进式、桨式
固体悬浮	1. 循环流量 2. 湍流强度	按固体颗粒的粒度、含量及相对密度决定采用桨式、推进式或涡轮式
固体溶解	1. 剪切作用 2. 循环流量	涡轮式、推进式、桨式
气体吸收	1. 剪切作用 2. 循环流量 3. 高转速	涡轮式
结晶	1. 循环流量 2. 剪切作用 3. 低转速	按控制因素采用涡轮式、桨式或桨式的变形
传热	1. 循环流量 2. 传热面上高流速	桨式、推进式、涡轮式

第四节　制药其他设备工艺设计与选型

制药生产过程是由一系列单元操作或单元反应过程所组成的。但我们在针对每一个单元操作设计与选择合理的反应器和搅拌器之后，就需要对每一个单元操作或工序中用到的辅助设备进行工艺设计与选型。

在制药生产中，除反应器这一主要设备外，其他辅助设备有：各种类型的泵、过滤机、离心机、计量罐、贮罐、换热器和干燥器等。制药其他设备工艺设计与选型主要考虑两个方面：一是与反应器之间的平衡问题；二是设备自身的性能。

一、制药其他设备与反应釜之间的平衡问题

每一个单元操作设计与选择合理的反应器后，可根据反应器与其他辅助设备之间的平衡来选择其他辅助设备。

1. 过滤机或离心机与反应器之间的平衡

当反应后需要过滤或离心脱水时，通常每只反应器配置一台过滤机或离心机比较方便。

若过滤需要的时间很短，也可以两只或几只反应器合用一台过滤机。若过滤需要时间较长，则可以按反应工序的 α 值取其整数倍来确定过滤机的台数，也可以每只反应釜配两台或更多的过滤机（此时可考虑采用一台较大规格的过滤机）。

当反应后需要浓缩或蒸馏时，因为它们的操作时间较长，通常需要设置中间贮槽，将反应完成液先贮入贮槽中，以避免两个工序之间因操作上不协调而耽误时间。

2. 计量槽、贮槽与反应器之间的平衡

通常液体原料都要经过计量后加入反应器，每只反应器单独配置专用的计量槽，操作方便。计量槽的体积通常按一批操作需要的原料用量来决定（φ 取 0.8～0.85）。贮槽的体积则可按一天的需用量来决定。当每天的用量较少时，也可按贮备 2~3 天的量来计算（φ 取 0.8~0.9）。

二、设备自身的性能

泵是药厂最常见的通用设备之一，种类也比较多。按工作原理通常可将泵分为三类：

（1）叶片式泵　利用叶轮上的叶片推动力输送液体，如：离心泵、轴流泵、旋涡泵等。

（2）容积式泵　利用泵的活塞或转子在往复或旋转运动中产生工作容积周期性变化，将液体吸入和压出，如：往复泵、齿轮泵等。

（3）其他泵　如：利用流体能量输送液体的喷射泵；利用压缩空气输送液体的空气升液泵（酸蛋）等。

各种泵的指标不尽相同，如表 7-4 所示。

表 7-4　常见泵的各种指标

指　标	叶　片　式			容　积　式	
	离心式	轴流式	旋涡式	活塞式	回转式
液体排出状态	流率均匀			有脉动	流率均匀
液体品质	均一液体（或含固体液体）	均一液体	均一液体	均一液体	
允许吸入真空度/MPa	4～8	—	2.5～7	4～5	4～5
扬程	范围大10～600m（多级）	低2～20m	较高，单级可达100m 以上	范围大，排出压力高（0.294～58.8MPa）	
体积流量/（m³/h）	范围大（5～30000）	大约60000	较小（0.4～20）	范围较大（1～600）	
流量与扬程关系	流量减小，扬程增大；反之，流量增大，扬程减低	同离心式	同离心式，但增率和减率较大（即曲线较陡）	流量增减排出压力不变，压力增减，流量近似为定值(原动机恒速)	
构造特点	转速高，体积小，运转平稳。基础小，设备维修较易	与离心式基本相同，但叶轮较离心式叶片结构简单，制造成本低		转速低，能力（排量）小，设备外形庞大，基础大，与原动机连接较复杂	同离心式
流量与轴功率关系	依泵比转数而定。流量减小，轴功率减小	依泵比转数而定。流量减小，轴功率增加	流量减小，轴功率增加	当排出压力定值时，流量减小，轴功率减小	同活塞式

故而，在泵的工艺设计与选型上除了考虑泵与其他设备的平衡问题以外，还需遵循以下基本程序：

① 列出选泵的岗位和介质的基础数据；

② 确定选泵的流量和扬程；

③ 选择泵的类型，确定具体型号；

④ 确定泵的安装高度；

⑤ 确定泵的台数和备用率；

⑥ 校核泵的轴功率，选定泵的材料及轴封；

⑦ 确定冷却水或驱动蒸汽的耗用量；

⑧ 选用电动机；

⑨ 填写选泵规格表。

📝 思考题

1. 简述制药设备工艺设计与选型的原则与步骤。

2. 如何对制药反应器分类？如何进行制药反应器选型？

3. 间歇操作釜式反应器有何结构与特点？

4. 如何对制药搅拌器进行分类？如何进行制药搅拌器的选型？

📝 自主设计项目

根据本章内容，对已进行物料衡算和能量衡算的年产1000吨的对乙酰氨基酚原料药的工艺流程进行相应的设备工艺设计与选型。

第八章　车间布置设计

第一节　车间布置设计概述

一、车间布置的重要性和目的

车间布置设计的目的是对厂房的配置和设备的排列作出合理的安排。车间布置设计是车间工艺设计的两个重要环节之一，它还是工艺专业向其他专业提供开展车间设计的基础资料之一。成功的车间布置将会使车间内的人、设备和物料在空间上实现最合理的组合，以降低劳动成本，减少事故发生，增加地面可用空间，提高材料利用率，改善工作条件，促进生产发展。一个布置不合理的车间，基建时工程造价高，施工安装不便；车间建成后又会带来生产和管理问题，造成人流和物流紊乱、设备维护和检修不便等问题，同时也埋下了较大的安全隐患。因此，车间布置设计时应遵守设计程序，按照布置设计的基本原则，进行细致而周密的考虑。

二、制药车间布置设计的特点

制药工业包括原料药工业和制剂工业。

原料药工业包括化学合成药、抗生素、中草药和生物药品的生产。原料药作为精细化学品，属于化学工业范畴，在车间布置设计上与一般化工车间具有共同特点。但制药产品（原料药及制剂）是一种防治人类疾病、增强人体体质的特殊商品，必须保证药品的质量。所以，原料药生产的成品工序（精、烘、包工序）与制剂生产的罐封、制粒、干燥、压片等工序一样，它的新建、改造必须符合《药品生产质量管理规范》的要求，这是药品生产特殊性的方面。

三、车间布置设计的内容和步骤

车间布置设计的内容：第一是确定车间的火灾危险类别、爆炸与火灾危险性场所等级及卫生标准；第二是确定车间建筑（构筑）物和露天场所的主要尺寸，并对车间的生产、辅助生产和行政生活区域位置作出安排；第三是确定全部工艺设备的空间位置。车间布置设计按二段设计进行讨论。

1. 初步设计阶段

初步设计阶段车间布置设计是在工艺流程设计、物料衡算、热量衡算和工艺设备设计之后进行的。

（1）布置设计需要的条件和资料

① 直接资料　包括车间外部资料和车间内部资料。

车间外部资料包括：a. 设计任务书；b. 设计基础资料，如气象、水文和地质资料；c. 本车间与其他生产车间和辅助车间等之间的关系；d. 工厂总平面图和厂内交通运输。

车间内部资料包括：a. 生产工艺流程图；b. 物料计算资料，包括原料、半成品、成品的数量和性质，废水、废物的数量和性质等资料；c. 设备设计资料，包括设备简图（形状和尺寸）及其操作条件、设备一览表（包括设备编号、名称、规格类型、材料、数量、设备空重和装料总重、配用电机大小、支撑要求等）、物料流程图和动力（水、电、汽等）消耗等资料；d. 工艺设计说明书和工艺操作规程；e. 土建资料，主要是厂房技术设计图（平面图和剖面图）、地耐力和地下水等资料；f. 劳动保护、安全技术和防火防爆等资料；g. 车间人员表（包括行管、技术人员、车间分析人员、岗位操作工人和辅助工人的人数，最大班人数和男女的比例）；h. 其他资料。

② 设计规范和规定　车间布置设计应遵照国家有关劳动保护、安全和卫生等规定进行。这些规定以国家或主管业务部门制定的规范和规定形式颁布执行，定期修改和完善。车间布置设计的依据包括中华人民共和国卫生部《药品生产质量管理规范》（2010年修订）、国家医药管理局《医药工业洁净厂房设计规范》、中华人民共和国国家标准《洁净厂房设计规范》（GB 50073—2001）。它们是国家技术政策和法令、法规的具体体现，设计者必须熟悉并严格遵照执行，不能任意解释，更不能违背。若因违背这些政策、法规而造成事故，设计者应负技术责任，甚至被追究法律责任。

（2）设计内容　根据生产过程中使用、产生和储存物质的火灾危险性按《建筑设计防火规范》和《炼油化工企业设计防火规定》确定车间的火灾危险性类别（即确定属甲、乙、丙、丁、戊中哪一类）。按照生产类别、层数和防火分区内的占地面积确定厂房的耐火等级。

按《药品生产质量管理规范》确定车间各工序的洁净等级。

在满足生产工艺、厂房建筑、设备安装和检修、安全和卫生等项要求的原则下，确定生产、辅助生产、生活和行政部分的布局；决定车间场地与建筑（构筑）物的平面尺寸和高度；确定工艺设备的平、立面布置；决定人流和管理通道，物流和设备运输通道；安排管道电力照明线路，自控电缆廊道等。

（3）设计成果　车间布置设计的最终成果是车间布置图和布置说明。车间布置图作为初步设计说明书的附图，包括下列各项：各层平面布置图；各部分剖面图；附加的文字说明；图框；图签。布置说明作为初步设计说明书正文的一章（或一节）。

车间布置图和设备一览表还要提供给土建、设备安装、采暖通风、上下水道、电力照明、自控和工艺管道等设计工种作为设计条件。

2. 施工图设计阶段

初步设计经审查通过后，需对其进行修改和深化，并进行施工图设计。它与初步设计有下列不同之处。

① 施工图设计的车间布置图表示内容更多，不仅要表示设备的空间位置，还要表示出

设备的管口以及操作台和支架。

② 施工图设计的车间布置图只作为条件图纸提供给设备安装及其他设计工种，不编入正式设计文件。由设备安装工种完成的安装设计，才编入正式设计文件。

设备安装设计包括：a. 设备安装平、立面图，局部安装详图；b. 设备支架和操作台施工详图；c. 设备一览表；d. 地脚螺钉表；e. 设备保温及刷漆说明；f. 综合材料表；g. 施工说明书。

车间布置设计涉及面广，它是以工艺专业为主导，在总图、土建、设备安装、设备、电力照明、采暖通风、自控仪表和外管等专业密切配合下由工艺人员完成的。因此，在进行车间布置设计时，工艺设计人员要集中各方面的意见，采取多方案比较，经过认真分析，选取最佳方案。

四、车间总体布置原则

进行总平面布置时，必须依据国家的各项方针政策，结合厂区的具体条件、药品生产的特点及工艺要求，做到工艺流程合理、总体布置紧凑、厂区环境整洁，能满足制药生产的要求。为此，总平面布置的原则可归纳如下：

① 生产性质相近的车间或生产联系较密切的车间，要相互靠近布置或集中布置。

② 主要生产区应布置在厂区中心，辅助车间布置在它的附近。

③ 动力设施应接近负荷中心或负荷量大的车间；锅炉房及对环境有污染的车间宜布置在下风侧。

④ 布置生产厂房时，应避免生产时污染，原料药生产区应布置在下风侧。

⑤ 运输量大的车间、库房等，宜布置在主干道和货运出入口附近，尽量避免人流与物流交叉。

⑥ 行政、生活区应处于主导风向的上风侧，并与生产区保持一段距离。

⑦ 危险品应布置在厂区的安全地带。实验动物房应当与其他区域严格分开，其设计、建造应当符合国家有关规定，并设有独立的空气处理设施以及动物的专用通道。

五、车间组成和布置形式

1. 车间组成

车间一般包括生产区、辅助生产区和行政生活区三部分，各部分的组成与产品种类、生产工艺流程、洁净等级要求等情况有关。一般化工（制药）车间的组成如图 8-1 所示，制药洁净车间的组成如图 8-2 所示。

化工制药车间 {
生产区：如原料工段、生产工段、成品工段、回收工段、控制室等
辅助生产区：如真空泵室、压缩机室、变电配电室、车间化验室、机修室、
　　　　　通风空调室、原材料及成品仓库等
行政生活区：如办公室、会议室、休息室、更衣室、浴室、厕所等
}

图 8-1　一般化工制药车间的组成

制药洁净车间 {
生产区：如洁净区或洁净室
辅助生产区：如物料净化室、包装材料清洁室、灭菌室、称量室、配料室、
　　　　　分析室、真空泵室、空调机室、变电配电室等
行政生活区：如换鞋室、更衣室、存衣室、空气吹淋室、办公室、休息室、
　　　　　浴室、厕所等
}

图 8-2　制药洁净车间的组成

2. 车间布置形式

根据生产规模、生产特点以及厂区面积、地形、地质等条件的不同，车间布置形式可采用集中式或单体式。若将组成车间的生产区、辅助生产区和行政生活区集中布置在一栋厂房内，即为集中式布置形式；反之，若将组成车间的一部分或几部分分散布置在几栋独立的单体厂房中，即为单体式布置形式。

一般地，对于生产规模较小，且生产特点（主要指防火防爆等级和毒害程度）无显著差异的车间，常采用集中式布置形式，如小批量的医药、农药和精细化工产品，其车间布置大多采用集中式。在药品生产中，采用集中式布置的车间很多，如磺胺脒、磺胺二甲基嘧啶、利血平等原料药车间以及针剂、片剂等制剂车间一般都采用集中式布置形式；而对于生产规模较大或各工段的生产特点有显著差异的车间，则多采用单体式布置形式。药品生产中因生产规模大而采用单体式布置的车间也很多，例如，对于青霉素和链霉素的生产，可将发酵和过滤工段布置在一栋厂房内，而将提炼和精制工段布置在另一栋厂房内；又如，维生素 C 的生产，千吨级以上规模的车间都采用单体式布置形式。

第二节　车间工艺布置

车间布置设计既要考虑车间内部各区域之间的协调，又要考虑车间与厂区的供水、供电、供热（蒸汽）和管理部门之间的协调，使之密切配合，成为一个有机的整体。

一、设备的布置

设备布置的任务主要是确定工艺设备的空间位置以及管道、电气仪表管线的走向和位置，从而为进一步确定建筑物的平面尺寸和立面尺寸提供依据。

（一）设备布置的基本要求

1. 满足生产工艺要求

（1）设备排列顺序　设备应尽可能按照工艺流程的顺序进行布置，要保证水平方向和垂直方向的连续性，避免物料的交叉往返。为减少输送设备和操作费用，应充分利用厂房的垂直空间来布置设备，设备间的垂直位差应保证物料能顺利进出。一般情况下，计量罐、高位槽、回流冷凝器等设备可布置在较高层，反应设备可布置在较低层，过滤设备、贮罐等设备可布置在最底层。多层厂房内的设备布置既要保证垂直方向的连续性，又要注意减少操作人员在不同楼层间的往返次数。

（2）设备排列方法　设备在厂房内的排列方法可根据厂房宽度和设备尺寸来确定。对于宽度不超过9m的车间，可将设备布置在厂房的一边，另一边作为操作位置和通道，如图8-3（a）所示；对于中等宽度（12～15m）的车间，厂房内可布置两排设备。两排设备可集中布置在厂房中间，而在两边留出操作位置和通道，如图8-3（b）所示；也可将两排设备分别

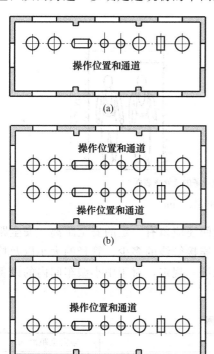
图 8-3　设备在厂房内的排列方法

布置在厂房两边,而在中间留出操作位置和通道,如图 8-3(c)所示。对于宽度超过 18m 的车间,可在厂房中间留出 3m 左右的通道,两边分别布置两排设备,每排设备各留出 1.5～2m 的操作位置。

(3)操作间距 在布置设备时,不仅要考虑设备自身所占的位置,而且要考虑相应的操作位置和运输通道。有时还要考虑堆放一定数量的原料、半成品、成品和包装材料所需的面积和空间。操作人员操作设备所需的最小距离如图 8-4 所示。

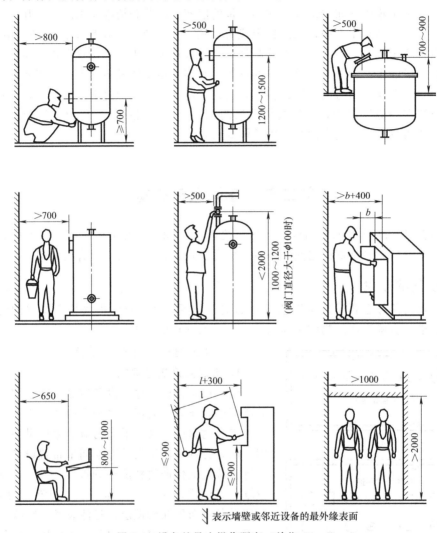

图 8-4 设备的最小操作距离(单位:mm)

(4)安全距离 设备与设备之间、设备与建筑物之间还应留有一定的安全距离。安全距离的大小不仅与设备的种类和大小有关,而且与设备上连接管线的多少、管径的大小以及检修的频繁程度等因素有关。对设备的安全距离目前尚无统一规定,对于中小型车间内的设备布置,设备的安全距离可参考表 8-1 中的数据选取。

表 8-1 设备的安全距离

序 号	项 目	净安全距离/m
1	泵与泵之间的距离	≥0.7
2	泵与墙之间的距离	≥1.2

续表

序　号	项　目		净安全距离/m
3	泵列与泵列之间的距离(双排泵间)		≥2.0
4	计量罐与计量罐之间的距离		0.4～0.6
5	车间内贮罐(槽)与贮罐(槽)之间的距离		0.4～0.6
6	换热器与换热器之间的距离		≥1.0
7	塔与塔之间的距离		1.0～2.0
8	离心机周围通道		≥1.5
9	过滤机周围通道		1.0～1.8
10	反应器盖上传动装置离天花板的距离 (如搅拌轴拆装有困难时,距离还应加大)		≥0.8
11	反应器底部距人行通道的距离		≥1.8
12	反应器卸料口距离心机的距离		≥1.0
13	起吊物品距设备最高点的距离		≥0.4
14	往复运动机械的运动部件与墙之间的距离		≥1.5
15	回转机械与墙之间的距离		≥0.8
16	回转机械与回转机械之间的距离		≥0.8
17	通廊、操作台通行部分的最小净空高度		≥2.0
18	操作台梯子的斜度	一般情况	≤45°
		特殊情况	≤60°
19	控制室、开关室与炉子之间的距离		≥15
20	工艺设备与通道之间的距离		≥1.0

此外,相同设备、同类型设备以及性质相似的设备应尽可能集中布置在一起,以便集中管理,统一操作。

2. 满足安装和检修要求

制药厂尤其是化学制药厂在生产过程中大多对设备有腐蚀,故每年常需安排一次大修以及次数不定的小修,以检修或更换设备。因此,设备布置应满足安装和检修的要求。

(1) 要根据设备的大小、结构和安装方式,留出设备安装、检修和拆卸所需的面积和空间。

(2) 要考虑设备的水平运输通道和垂直运输通道,以便设备能够顺利进出车间,并到达相应的安装位置。

(3) 凡通过楼层的设备应在楼面的适当位置设置吊装孔。当厂房较短时,吊装孔可设在厂房的一端,如图8-5 (a) 所示;当厂房较长(>36m)时,吊装孔应设在厂房的中央,如图8-5 (b) 所示。多层楼面的吊装孔应在每一楼层相同的平面位置设置,并在底层吊装孔附近设一大门,以便需吊装的设备能够顺利进出。

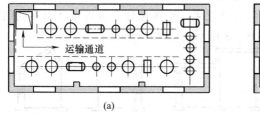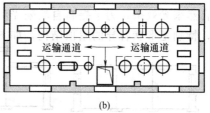

图 8-5　吊装孔及设备运输通道

（4）釜式反应器、塔器、蒸发器等可直接悬挂在楼面或操作台上，此时应在楼面或操作台的相应位置预留出设备孔。设备孔可以做成正方形，安装时可将设备直接由设备孔中吊至一定高度后再旋转45°放下，使支座支承在楼面或操作台上，如图8-6所示。图8-6中，空隙 d 的尺寸一般应比支座下部突出物（含保温层）的最大尺寸大 0.1~0.3m。

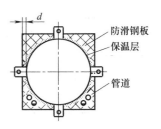

图 8-6　设备预留孔形式

（5）在布置设备时还要考虑设备安装、检修、拆卸以及运送物料所需的起重运输设备。若不设永久性起重运输设备，则要考虑安装临时起重设备所需的空间及预埋吊钩，以便悬挂起重葫芦。若设置永久性起重运输设备，则不仅要考虑设备本身的高度，而且要确保设备的起重运输高度能大于运输线上最高设备的高度，如图8-7所示。

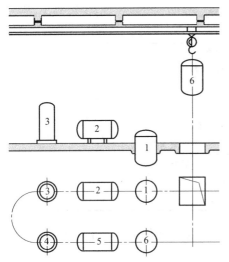

图 8-7　设备的起吊高度

1—车间中原有的反应釜；2—车间中原有的卧式储罐；
3—车间中原有的立式储罐；4—要设置的立式储罐；
5—要设置的卧式储罐；6—要设置的反应釜

3. 满足土建要求

（1）凡属笨重设备以及运转时会产生很大震动的设备，如压缩机、真空泵、离心机、大型通风机、粉碎机等，应尽可能布置在厂房的底层，以减少厂房楼面的承重和震动。震动较大的设备因工艺要求或其他原因不能布置在底层时，应由土建专业人员在厂房结构设计上采取有效的防震措施。

（2）有剧烈震动的设备，其操作台和基础等不得与建筑物的柱、墙连在一起，以免影响建筑物的安全。

（3）穿过楼面的各种孔道，如设备孔、吊装孔、管道孔等，必须避开厂房的柱子和主梁。若将设备直接吊装在柱子或梁上，其负荷及吊装方式必须征得土建设计人员的同意。

（4）在布置设备时，应避开厂房的沉降缝或伸缩缝。

（5）在满足工艺要求的前提下，较高的设备可集中布置在一起。这样，当需要提高厂房高度时，可只提高厂房的局部标高而不必提高整个厂房的高度，从而可降低厂房造价。此外，还可利用天窗的空间安装较高的设备。

（6）厂房内的操作台应统一考虑，整片操作台应尽可能取同一标高，并避免平台支柱的零乱或重复。

4. 满足安全、卫生和环保要求

（1）采光　为创造良好的采光条件，首先应从厂房建筑本身的结构来考虑，以最大限度地提高自然采光效果。为了提高自然采光和通风效果，建筑设计人员可设计出不同的建筑结构形式，特别是形状各异的屋顶结构，如图8-8所示。

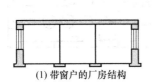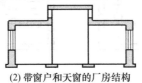

(1)带窗户的厂房结构　　(2)带窗户和天窗的厂房结构　　(3)带窗户和斜天窗的厂房结构

图 8-8　厂房的结构

为便于操作人员读取仪表和有关数据，在布置设备时，应尽可能使操作人员位于设备和窗之间，即让操作人员背光操作，如图 8-9 所示。

此外，特别高大的设备要避免靠窗布置，以免影响采光。

（2）通风　通风问题是制药车间的重要课题。为创造良好的通风条件，首先应考虑如何最有效地加强自然对流通风，其次才考虑机械送风和排风。

为创造良好的自然对流条件，可在厂房楼板上设置中央通风口，并在房顶上设置天窗，如图 8-10 所示。中央通风孔不仅可提高自然通风效果，而且可解决厂房中央光线不足的问题。

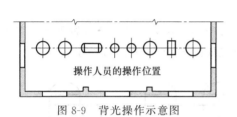

图 8-9　背光操作示意图　　　　图 8-10　有中央通风孔的厂房

厂房内每小时通风次数的多少应根据生产过程中有害物质的逸出速度、空气中有害物质的最高允许浓度和爆炸极限来确定。此外，对产生大量热量的车间，不仅要采取相应的降温措施，而且要适当增加通风次数。

（3）防火防爆　凡属火灾危险性的甲、乙类厂房，必须采取相应的防火防爆措施。

① 甲类厂房又称为防爆车间，其厂房应是单层的，内部不能有死角，以防爆炸性气体或粉尘的积累。

② 当甲、乙类厂房与其他厂房相连时，中间必须设置防火墙。车间内的防火防爆区域与其他区域也必须用防火墙分隔开来。

③ 厂房的通风效果必须保证厂房中易燃易爆气体或粉尘的浓度不超过规定的限度。

④ 在防火防爆区域内，要采取措施防止各种静电放电和着火的可能性。

（4）环境保护

① 药品生产中通常会产生一定量的污染物，因此，在设计时要考虑相应的环保设施，以免对环境造成污染。

② 凡产生腐蚀性介质的设备，其基础及设备附近的地面、墙、梁、柱等建（构）筑物都要采取相应的防护措施，必要时可加大设备与墙、梁、柱等建（构）筑物之间的距离。

③ 对运转时会产生剧烈震动和噪声的设备，应采取相应的减震降噪措施。

（二）常见设备的布置方法

1. 贮罐（槽）

贮罐（槽）包括立式贮罐（槽）和卧式贮罐（槽）。大型贮罐常设置专门的贮罐区，小型贮罐常按工艺流程的顺序与其他设备一起布置。

（1）为操作方便，卧式贮罐一般直接布置在地面、楼面或操作台上；立式贮罐既可布置在地面、楼面或操作台上，也可悬挂在楼面或操作台上。图 8-11 为贮罐的立面布置示意图。

（2）立式贮罐可按罐外壁或中心线取齐；卧式贮罐可按支座基础中心线或封头切线取齐。

（3）贮罐附件，如液位计、仪表、进出料接管等应尽可能布置在贮罐的一侧，另一侧则作为通道和检修之用。

（4）穿越楼面或操作台布置的立式贮罐，其液面指示、控制仪表等不宜穿越楼面或操作台。

（5）带搅拌器的贮罐，应考虑安装、修理、拆卸所需的起吊设施和空间。

（6）若将易挥发性液体贮罐布置在室外，其上方应设置喷淋冷却设施。

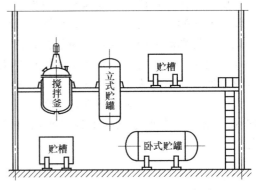

图 8-11　贮罐的立面布置示意图

（7）贮罐之间的距离应满足安装、操作和检修的要求，并符合有关的设计防火规范或规定。

（8）根据操作和检修的需要，单个贮罐可设置爬梯，并考虑是否应设置平台；多个贮罐集中布置时，顶部可设联合平台。贮罐平台的设置如图 8-12 和图 8-13 所示。

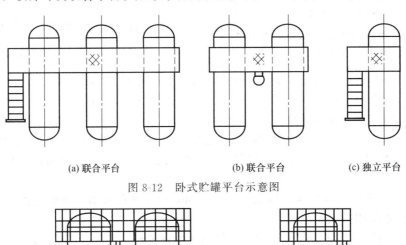

(a) 联合平台　　　　　(b) 联合平台　　　　　(c) 独立平台

图 8-12　卧式贮罐平台示意图

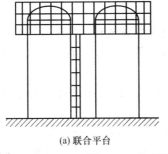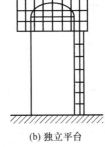

(a) 联合平台　　　　　(b) 独立平台

图 8-13　立式贮罐平台示意图

2. 流体输送设备

（1）泵　在药品生产中，液体物料常用泵来输送。泵的种类很多，如离心泵、往复泵、旋转泵、旋涡泵等，以离心泵最为常用。

① 对于小型车间，当泵的数量较少时，可将泵布置在抽吸设备附近；对于大中型车间，当泵的数量较多时，应尽可能采用集中布置。

② 集中布置的泵可排成一列，驱动部分集中于一侧；也可将泵排成两列，泵的驱动部

分均靠近通道。

③ 泵与泵、泵与墙以及泵列之间的距离可参照表 8-1 中的数据选取。

④ 每列泵的配管和阀门应排成一条直线，管道应避免跨越泵或电动机。

⑤ 泵的基础应高出地面 150mm。若将多台泵布置在同一基础上，则基础应有一定的坡度，以便泄漏物流出。此外，基础四周还应考虑设置排液沟及冲洗用的排水沟。

⑥ 不经常使用的泵可布置在室外，但电动机应设防雨罩，且所有的配电及仪表设施均应采用户外式的。此外，若工作地区的气温较低，还要考虑相应的防冻措施。

⑦ 若泵和电机的重量较大，则要考虑安装、检修、拆卸所需的起吊设施和空间。

（2）风机 通风机和鼓风机都是常用的气体输送设备，其中通风机出口气体的表压不超过 $14.7×10^3$ Pa，鼓风机出口气体的表压为 $14.7×10^3 \sim 294×10^3$ Pa，压缩比小于 4。

① 风机的安装位置要有利于操作和维修，其进出口接管应简捷，并尽可能避免风管的弯曲或交叉，必须弯曲时应采用较大的弯曲半径。

② 风机在运转时会产生震动，因此其基础要采取必要的减震或隔震措施，并且不能与厂房的基础相连。此外，还要防止风管将震动传递至其他建筑物上。

③ 风机在运转时还会产生噪声，因此风机应配置必要的消声设施。若不能有效地控制噪声，则可将风机布置在专门的鼓风机房内，以减少噪声对其他区域的影响。

④ 鼓风机房内应设置必要的吊装设备，以便于风机的安装和检修。

⑤ 多台风机集中布置时，其监控仪表宜集中布置在控制室内，并在控制室内配置必要的隔声设施和通风设备。

⑥ 多台风机集中布置时，其间距应满足安装、操作和检修的要求。

⑦ 为保证鼓风机吸入的空气比较清洁，其吸入口应位于有害气体、粉尘等污染源的上风向，并与其保持足够的距离。

（3）压缩机 压缩机也是常用的气体输送设备，其出口气体的表压大于 $294×10^3$ Pa，压缩比大于 4。

① 压缩机常是装置中功率消耗较大的关键设备，因此在布置时应使压缩机尽可能靠近与它相连的主要工艺设备，以缩短进出口管线，并避免弯曲。此外，不允许将管道布置在压缩机或电动机的上方。

② 压缩机在运转时会产生震动，因此其基础要采取必要的减震或隔震措施，并且不能与厂房的基础相连。

③ 压缩机在运转时也会产生噪声，因此应采取必要的消声措施。若不能有效地控制噪声，则常将压缩机布置在专门的压缩机房内，以减少噪声对其他区域的影响。

④ 压缩机房内也要设置必要的吊装设备，以便于压缩机的安装和检修。

⑤ 压缩机的散热量较大，当多台压缩机集中布置时，压缩机房内应有良好的自然通风条件，必要时可考虑机械送风和排风。

⑥ 多台压缩机集中布置时，可将监控仪表集中布置在控制室内，并在控制室内配置必要的隔音设施和通风设备。

⑦ 多台压缩机集中布置时，其间距应满足安装、操作和检修的要求。

⑧ 为保证压缩机吸入的空气比较清洁，其吸入口应位于有害气体、粉尘等污染源的上风向，并与其保持足够的距离。

3. 换热器

换热器是药品生产中的重要设备之一。换热器的种类很多，如夹套式、套管式、蛇管式、列管式、板式和螺旋板式等，其中以列管式换热器最为常用。在布置换热器时，应遵循缩短管长和顺应流程的原则。

（1）换热器的布置位置取决于与它紧密相连的工艺设备。例如，釜式反应器的回流冷凝器可布置在反应器的上方；塔顶冷凝器可布置在塔顶，塔底热虹吸式再沸器可直接固定于塔上。

（2）多台换热器常按流程成组布置，多组换热器应排列成行，并使管箱、管口处于同一垂直面上，以利于配管和检修。

（3）串联、非串联的相同或不同的换热器均可重叠布置，相互支承，但最多不宜超过三层。重叠布置的换热器既可共用上下水管，又可减少占地面积。

（4）换热器与换热器、换热器与其他设备之间的水平间距不宜小于1m，实在受位置所限，最少也不得小于0.6m。

（5）固定管板式换热器周围应留有清除管内污垢所需的场地；浮头式换热器要预留抽出管束所需的面积和空间。

4. 釜式反应器

反应器是原料药生产的关键设备。反应器的种类很多，如釜式、管式、塔式、固定床和流化床等，其中以釜式反应器最为常用。

（1）对于间歇操作的釜式反应器，在布置时要考虑进料和出料的方便。液体物料一般经高位计量罐（槽）计量后依靠位差流入反应釜，因此，计量罐（槽）与反应釜间的高位差应确保液体能顺利流入反应釜。固体物料常用吊车从人孔或加料口加入反应釜，此时，人孔或加料口距楼面或操作台的高度可参照图8-4中的数据选取，一般可取800mm，如图8-14所示。

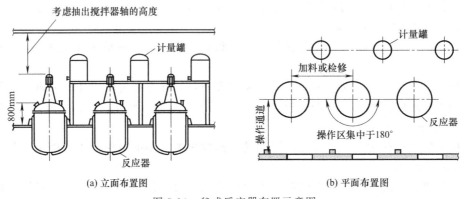

(a) 立面布置图　　　　(b) 平面布置图

图8-14　釜式反应器布置示意图

（2）对于多台串联操作的连续釜式反应器，由于其进料和出料都是连续的，因此，在布置时应特别注意物料进出口间的压差和流体流动的阻力损失，以确定反应器间的适宜位差，使物料能按工艺流程的顺序连续流动。

（3）小型釜式反应器可利用支座直接悬挂在楼面或操作台的设备孔中。大型或振动较大的釜式反应器要用支脚支承在楼面或操作台上。

（4）悬挂于楼面或操作台上的釜式反应器，应设置底部出料阀操作台。黏度较大的物料或低温下易凝固、易结晶以及含固体颗粒的物料，要考虑清洗或疏通管道等问题。

（5）两台以上相同或相似的反应器集中布置时应尽可能排成一条直线。反应器之间的距离视设备大小、管道等具体情况而定。管道阀门应尽可能布置在反应器的一侧，以便于操作。

（6）带搅拌器的釜式反应器，其上部应考虑设置安装、检修及拆卸所需的起吊设备。小型釜式反应器若不设起吊设备，则应预设吊钩，以便需要时设置临时起吊设备。设备上部应留有抽出搅拌器轴所需的空间。

（7）釜式反应器下部距地面或操作台的距离视具体情况而定。例如，对下部不设出料口的釜式反应器，当下部有人通过时，其底部距基准面的最小距离为 1.8m；又如，要使反应器内的物料自流进入离心机，其底部应高出离心机 1～1.5m。

（8）易燃易爆反应器，尤其是反应激烈、易出事故的反应器，在布置时必须考虑足够的安全措施，包括泄压及排放方向。

5. 塔设备

塔设备是典型的气液传质设备，常用于精馏、吸收、萃取等单元操作过程。塔设备的种类很多，如板式塔、填料塔、喷淋塔等，其中以板式塔和填料塔较为常见。

（1）大型塔设备一般布置在室外，用裙座直接安装于基础上。小型塔设备既可布置在室内，支承于楼板或操作台上；也可布置在室外，用框架支承。

（2）多个塔设备可按工艺流程的顺序成排布置，并尽可能按塔筒中心线取齐。

（3）塔附属设备的框架和接管常布置在一侧，另一侧则作为布置塔的空间，如图 8-15 所示。

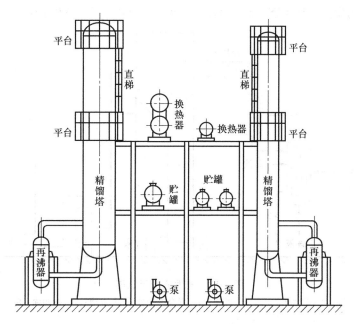

图 8-15　塔及附属设备布置示意图

（4）为操作和维修的方便，在塔身每个人孔处均应设置平台。平台一般围绕塔身，四周设有保护围栏，并与框架相连，其宽度原则上不小于 1.2m。上下两层平台间设有直爬梯，距地面 2.5m 以上的直爬梯应设置保护围栏。当两座以上的塔集中布置时，一般设置联合平台，这样既有利于操作和维修，又起到结构上互相加强的作用。

（5）塔的四周常分成配管区、通道区等几个区，其中配管区又称操作区，专门布置各种管道、阀门和仪表；通道区一般布置走廊、楼梯、人孔等，也可布置安全阀或吊装设备。

（6）塔的人孔朝向应一致，人孔中心距平台的距离一般不超过 1.2m。

（7）对于中小型精馏塔，塔顶冷凝器和回流罐可置于塔顶，依靠重力进行回流。对于大型精馏塔，回流罐宜布置在低处，用泵打回流。

（8）再沸器应紧邻塔身安装，以尽量缩短管道，减小流动阻力。

（9）小型立式热虹吸式再沸器一般可直接安装于由塔身接出的托架上，釜式再沸器一般要设支架安装。

（10）塔底与再沸器相连的气相管中心与再沸器管板的距离不能太大，以免因热虹吸不好而使再沸器的效率下降。

（11）塔的安装高度必须考虑塔釜泵的净正吸入压头、热虹吸式再沸器的吸入压头、自然流出的压头以及管道、阀门、控制仪表的压头损失。

（12）当用泵从塔底抽出接近沸点的釜液时，为防止釜液在吸入管路内闪蒸，塔的安装高度应高一些，使管道内维持一定的静压头。

（13）大型塔设备的顶部常设有吊柱，用于吊装填料或塔盘，以及吊起或悬挂人孔盖、塔内件等零部件。

6. 蒸发器

蒸发是使含有不挥发溶质的溶液沸腾汽化并移出蒸汽，从而使溶液中溶质的浓度提高的单元操作，所采用的设备称为蒸发器。蒸发器的种类很多，如强制循环式、中央循环管式、悬筐式、外热式等循环型（非膜式）蒸发器以及升膜、降膜、升-降膜等膜式蒸发器。蒸发操作可以在减压、常压或加压下进行，以减压蒸发（又称真空蒸发）最为常见。

蒸发器的附属设备主要有分离器、混合冷凝器、缓冲罐、真空泵和水槽等，如图8-16所示。

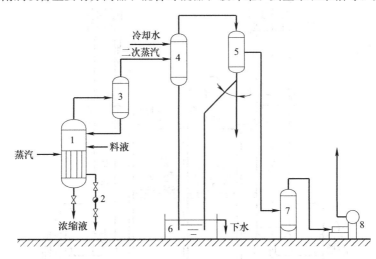

图8-16　蒸发流程示意图

1—蒸发器；2—疏水阀；3,5—分离器；4—混合冷凝器；6—水槽；7—缓冲罐；8—真空泵

蒸发器常布置在室外，也可布置在室内，但要考虑通风和降温措施。蒸发器的最小安装高度由加料泵的净正吸入压头确定。蒸发器及其附属设备应成组布置，视镜、仪表和取样点应相对集中，以利于操作。在布置混合冷凝器时，冷凝器底应高出水槽水面10m以上，且气压柱管道应垂直，必须倾斜时，其角度不得大于45°。

多台蒸发器可布置成一条直线，也可成组布置。蒸发器之间的蒸汽管道直径较大，在满足安装、检修要求的前提下，应尽可能缩小蒸发器之间的距离。

此外，在布置蒸发器时还应考虑检修、清洗或更换加热管时所需的吊装设备。

7. 结晶器

结晶操作常在带搅拌的结晶釜中进行，因此布置结晶器要考虑安装、检修及拆卸搅拌器所需的面积和空间。

结晶器的进料多为浆状液，出料常为固体或固液混合物，因此布置结晶器时应认真考虑设备间的位差及管道的坡度，以确保物料能顺利流动。此外，所有设备和管道都要有相应的排净措施。

结晶器一般布置在室内，人孔及加料口距操作台的高度应小于1.2m。

8. 过滤设备

过滤是分离液固混合物的常用单元操作，板框压滤机、叶滤机、转筒真空过滤机和过滤式离心机都是典型的过滤设备。

（1）间歇式过滤机　板框压滤机和叶滤机都是典型的间歇式过滤机，操作时大多采用加压或真空操作。

① 间歇式过滤机常布置在室内，两台以上的过滤机宜并列布置，以便过滤、洗涤、出料等操作能交替进行。

② 过滤机四周应留出安装、操作、清洗和检修所需的面积和空间。一般情况下，过滤机周围至少应留出相当于一台过滤机宽度的位置。当用小车运送滤布、滤饼或滤板时，至少在过滤机的一侧有1.8m以上的净高。

③ 过滤机常安装在楼面或操作台上，滤饼卸在下一层楼面上，也可直接将滤饼卸于小车或受器中。

④ 大型过滤机上方应考虑设置必要的吊装设备，以供安装、检修和拆卸之用。

⑤ 在布置过滤机时，应同时考虑水泵、真空泵或压缩机等辅助设施的布置。

⑥ 对易燃、易挥发及有毒的滤液，应设置排风罩、抽风机等通风装置。

⑦ 过滤机周围的地面或操作台应考虑设置排液沟及冲洗用的排水沟。若为腐蚀性滤液，还应考虑相应的防腐蚀措施。

⑧ 在布置过滤机时，应考虑滤布清洗槽的布置，并考虑清洗液的排放和处理方法。

（2）连续式过滤机

① 转筒真空过滤机等连续式过滤机既可布置在室内，又可布置在室外。

② 过滤机周围应留出安装、操作、清洗和检修所需的面积和空间，周围通道的宽度应大于1m。

③ 过滤机的安装位置和高度应便于固体物料的输送或卸出。

④ 为降低管路阻力，转筒真空过滤机的真空管道宜采用大直径的短管线。

⑤ 在布置过滤机时，应同时考虑水泵、真空泵、压缩机等辅助设施的布置。

⑥ 在布置过滤机时，应考虑安装、检修和拆卸所需的吊装设备。

（3）离心机

① 离心机运转时会产生很大的震动，因此常布置在厂房的底层，其基础应考虑减震措施，并且不能与厂房的基础相连。

② 离心机周围应留出安装、操作和检修所需的面积和空间，周围通道的宽度不得小于1.5m。

③ 离心机的安装高度应便于卸出固体物料。

④ 离心机周围应设围堤，以收集泄漏物。基础应有一定的坡度，使泄漏物能流入地沟或废液池。

⑤ 在布置离心机时，应考虑安装、检修和拆卸所需的吊装设备。

⑥ 离心机运转时会排出大量的空气，若含有易燃、易爆、有毒的气体或蒸汽，则其上方应设置排气罩。

9. 干燥设备

在药品生产中，固体物料、半成品和成品以及某些稀料液中所含的水分或其他溶剂常可通过干燥的方法予以去除。干燥设备的种类很多，如箱式干燥器、喷雾干燥器、气流干燥器、流化床干燥器和转筒干燥器等。

（1）箱式干燥器　是一种典型的间歇式干燥设备，小型的称为烘箱，大型的称为烘房。箱式干燥器一般在常压下操作，也可在真空下操作。箱式干燥器结构简单，设备投资少，适应性强，因此在药品生产中有着广泛的应用。

在布置箱式干燥器时，干燥器前要留有堆放湿料、干料和进行倒盘、洗盘等操作所需的场地，以及推送物料所需的通道。此外，还应考虑通风和降温措施。

（2）喷雾干燥器　可直接将溶液、浆液或悬浮液干燥成固体产品，且干燥时间很短，仅为5~30s，所以特别适用于热敏性物料的干燥，在药品生产中有着广泛的应用。

喷雾干燥器一般采用半露天布置，也可布置在室内，但要考虑防尘和防高温措施。

喷雾干燥器的附属设备主要有进料设备、加热器、旋风分离器、袋滤器和鼓风机等，如图8-17所示。

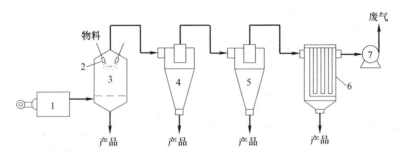

图8-17　喷雾干燥流程示意图

1—加热器；2—压力喷嘴；3—喷雾干燥器；4,5—旋风分离器；6—袋滤器；7—鼓风机

在布置时，喷雾干燥器及其附属设备应成组布置。为防止鼓风机的噪声和加热器的高温影响周围的环境，常将鼓风机和加热器布置在一个独立的房间内。此外，由于进出风管的直径均较大，因此在布置时也要统一考虑。

（3）其他干燥器　气流干燥器和流化床干燥器的布置方法与喷雾干燥器的基本类似，在布置时要保证固体物料的顺利流动，以防固体物料堵塞管道。

转筒干燥器比较笨重，常单独布置在厂房的底层，但基础不能与厂房的基础相连。在布置时也要保证固体物料的顺利流动。此外，还要考虑通风、防尘措施，并满足安装、操作和检修的要求。

（三）设备的露天布置

根据生产工艺特点和设备的操作条件，结合厂址地区的气候特征，将设备布置在露天或半露天是近年来设备布置的一个趋势。将设备布置在露天或半露天不仅可以减少建筑面积和基建投资，而且有利于通风、防火、防爆和防毒。

在车间布置设计中，许多设备如大型贮罐、精馏塔、吸收塔、凉水塔、喷淋式冷却器等都可考虑布置在露天或半露天。某些设备如往复泵、空压机、冷冻机等机械传动设备以及结晶器、釜式反应器等易受气温影响的设备不能布置在露天。

二、控制室的布置

（1）当工艺设备或装置布置在室内时，常将控制室与工艺设备一起布置在同一厂房内；当工艺设备或装置采用露天布置时，则控制室应布置在一独立房间内。

（2）控制室应与工艺设备或装置分隔开来，自成一个独立区域。但控制室应有开阔的视野，应设置从各个角度都能观察到设备或装置的地方。

（3）控制室应布置在设备或装置的上风向，且与各设备或装置的距离应适中。

（4）控制室内地面或楼面的振幅应小于 0.1mm，频率应小于 25Hz。

（5）车间底层控制室的室内标高应比室外地坪高 0.6～0.8m。

（6）控制室内一般要装修，顶棚距地面的高度为 3.5m 左右，顶棚上部应留有 1m 左右的净空高度。

（7）控制室内的仪表盘和控制箱应成排布置，盘后应预留 1m 以上的安装及维修通道，盘前应留出 2～3m 的操作位置和通道。

（8）仪表盘上常按三区段布置仪表。上区段距地面或楼面 1650mm 以上，一般布置指示仪表、信号灯、闪光报警器等较为醒目的可扫视的仪表；中区段距地面或楼面 1000～1650mm，一般布置控制仪表、记录仪表等需经常监视的仪表；下区段距地面或楼面 800～1000mm，可布置开关、按钮、操纵板、切换器等操纵器。

（9）控制室内的噪声应低于 65dB，电磁波干扰源对仪表的干扰应低于 5Oe[1Oe（奥斯特）=79.5775A/m]。

（10）控制室内宜采用机械通风或设置空调，以使控制室内的空气保持清洁。

（11）控制室内一般采用天然采光和人工照明相结合的采光方式，但要避免阳光直射在仪表盘上，以防反射光对操作产生影响。

（12）控制室内常设有维修室、休息室等辅助和生活用室。

控制室的常见布置方案如图 8-18 所示。

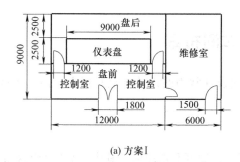 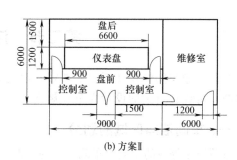

图 8-18 控制室的常见布置方案（单位：mm）

三、辅助生产区和行政生活区的布置

车间的辅助生产区和行政生活区统称为非生产区。非生产区的布置不仅要考虑车间的整体布局，而且应与生产区相适应。根据车间规模和生产特点的差异，非生产区既可与生产区一起布置在一栋厂房内，也可由全厂来统一考虑。

一般地，生产规模较小的车间，可将非生产区布置在车间的一个区域内，即采用集中式布置形式。由于生产区用房的高度一般较高，而非生产区用房的高度往往较低，如 3m、3.3m 和 3.6m 等，因此，生产区常采用单层，而非生产区则可采用多层。

在布置非生产区用房时，既要考虑车间的整体布局，又要考虑自身的用途。如配电室应布置在电力负荷最大的区域附近，空调室应布置在使用空调的房间附近，真空泵室应布置在使用真空频繁、对真空度要求较高的设备附近等。一般地，非生产区应布置在生产区的上风向，以减少粉尘和有害气体的危害；控制室、化验室、办公室、休息室等人流密度较高的房间宜布置在南面，以充分利用阳光；贮存室、更衣室、浴室、厕所等常布置在北面；机修室、动力室宜布置在底层；办公室、会议室、休息室宜布置在楼上。图 8-19 是车间非生产区布置的参考方案。

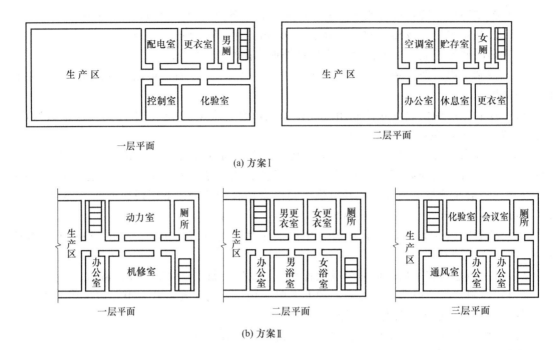

图 8-19　车间非产区布置的参考方案

第三节　洁净车间布置

制药洁净车间的设计不仅要遵守一般化工车间设计常用的设计规范和规定，而且要遵守与洁净厂房设计有关的设计规范和规定。

一、车间洁净区域的划分

按照洁净等级的不同，车间可分为一般生产区、控制区和洁净区。其中一般生产区对洁净等级不作要求，如化验室、药品的外包装工段等；控制区的洁净等级为 D 级，如非无菌原料药的"精烘包"工序、口服液体和固体制剂、腔道用药（含直肠用药）、表皮外用药品等非无菌制剂生产的暴露工序区域及其直接接触药品的包装材料最终处理的暴露工序区域等；洁净区的洁净等级为 C 级、B 级或局部 A 级，如无菌原料药的粉碎、过筛、混合、分装工序在 A 级（B 级背景）进行，非最终灭菌产品的产品灌装（或灌封）、分装、压塞、轧盖等在 A 级（B 级背景）进行，最终可灭菌产品的眼用制剂、无菌软膏剂、无菌混悬剂等的配制、灌装（或灌封），直接接触药品的包装材料和器具最终清洗后的处理在 C 级中进行。

二、药品生产对环境的洁净等级要求

药品生产对环境的洁净等级要求与药品的品种、剂型和生产特点有关。药品生产的典型工艺流程及对环境的洁净等级要求如图 8-20～图 8-22 所示。

三、制药洁净车间布置的一般要求

1. 尽量减少建筑面积

有洁净等级要求的车间，不仅投资较大，而且水、电、汽等经常性费用也较高。一般情况下，厂房的洁净等级越高，投资、能耗和成本就越大。因此，在满足工艺要求的前提下，

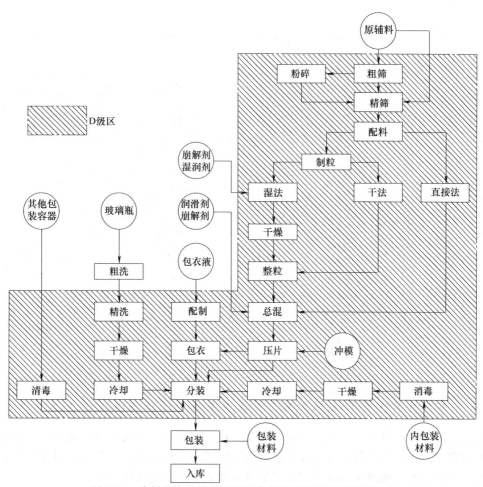

图 8-20 片剂生产的工艺流程示意图及对环境洁净等级要求

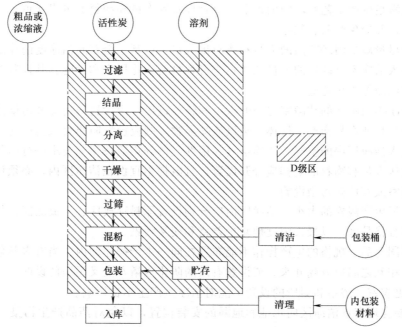

图 8-21 非无菌原料药精制、干燥、包装工艺流程示意图及对环境洁净等级要求

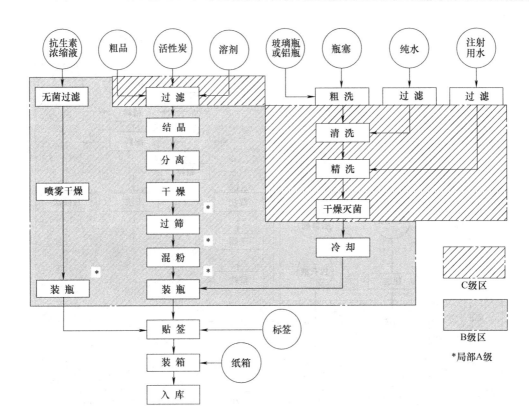

图 8-22　无菌原料药精制、干燥、包装工艺流程示意图及对环境洁净等级要求

应尽量减小洁净厂房的建筑面积。例如，可布置在一般生产区（无洁净等级要求）进行的操作不要布置在洁净区内进行，可布置在低等级洁净区内进行的操作不要布置到高等级洁净区内进行，以最大限度地减少洁净厂房尤其是高等级洁净厂房的建筑面积。

2. 防止污染或交叉污染

（1）在满足生产工艺要求的前提下，要合理布置人员和物料的进出通道，其出入口应分别独立设置，并避免交叉、往返。

（2）应尽量减少洁净车间的人员和物料出入口，以利于全车间洁净度的控制。

（3）进入洁净室（区）的人员和物料应有各自的净化用室和设施，其设置要求应与洁净室（区）的洁净等级相适应。

（4）洁净等级不同的洁净室之间的人员和物料进出，应设置防止交叉污染的设施。

（5）若物料或产品会产生气体、蒸汽或喷雾物，则应设置防止交叉污染的设施。

（6）进入洁净厂房的空气、压缩空气和惰性气体等均应按工艺要求进行净化。

（7）输送人员和物料的电梯应分开设置，且电梯不宜设在洁净区内，必须设置时，电梯前应设气闸室或其他防污染设施。

（8）根据生产规模的大小，洁净区内应分别设置原料存放区、半成品区、待验品区、合格品区和不合格品区，以最大限度地减少差错和交叉污染。

（9）不同药品、规格的生产操作不能布置在同一生产操作间内。当有多条包装线同时进行包装时，相互之间应分隔开来，或设置有效的防止混淆及交叉污染的设施。

（10）更衣室、浴室和厕所的设置不能对洁净室产生不良影响。

（11）要合理布置洁净区内水池和地漏的安装位置，以免对药品产生污染。A 级洁净区内不得设地漏。

3. 合理布置有洁净等级要求的房间

（1）洁净等级要求相同的房间应尽可能集中布置在一起，以利于通风和空调的布置。

（2）洁净等级要求不同的房间之间的联系要设置防污染设施，如气闸、风淋室、缓冲间及传递窗等。

（3）在有窗的洁净厂房中，一般应将洁净等级要求较高的房间布置在内侧或中心部位。若窗户的密闭性较差，且将无菌洁净室布置在外侧时，应设一封闭式的外走廊，作为缓冲区。

（4）洁净等级要求较高的房间宜靠近空调室，并布置在上风向。

4. 管道尽可能暗敷

洁净室内的管道很多，如通风管道、上下水管道、蒸汽管道、压缩空气管道、物料输送管道以及电气仪表管线等。为满足洁净室内的洁净等级要求，各种管道应尽可能采用暗敷。明敷管道的外表面应光滑，水平管线宜设置技术夹层或技术夹道，穿越楼层的竖向管线宜设置技术竖井。此外，管道的布置应与通风夹墙、技术走廊等结合起来考虑。

5. 室内装修应有利于清洁

洁净室内的装修应便于进行清洁工作。洁净室内的地面、墙壁和顶层表面均应平整光滑、无裂缝、不积聚静电，接口应严密，无颗粒物脱落，并能经受清洗和消毒。墙壁与地面、墙壁与墙壁、墙壁与顶棚等的交界连接处宜做成弧形或采取其他措施，以减少灰尘的积聚，并有利于清洁工作。

6. 设置安全出入口

工作人员需要经过曲折的卫生通道才能进入洁净室内部，因此，必须考虑发生火灾或其他事故时工作人员的疏散通道。

洁净厂房的耐火等级不能低于二级，洁净区（室）的安全出入口不能少于两个。无窗的厂房应在适当位置设置门或窗，以备消防人员出入和车间工作人员疏散。

安全出入口仅作应急使用，平时不能作为人员或物料的通道，以免产生交叉污染。

四、制药洁净车间的布置设计

（一）设备的布置及安装

洁净室内的设备布置及安装与一般化工车间内的设备布置及安装有许多共同点，但洁净室内的设备布置及安装还有其特殊性。

（1）洁净室内仅布置必要的工艺设备，以尽可能减小建筑面积。

（2）洁净车间的净高一般可控制在 2.6m 以下，但精制、调配等工段的设备常带有搅拌器，厂房的净高应考虑搅拌轴的安装和检修高度。

（3）对于多层洁净厂房，若电梯能满足所有设备的运送，则不设吊装孔。必须设置时，最大尺寸不应超过 2.7m，其位置可布置在电梯井道旁侧，且各层吊装孔应在同一垂线上。

（4）当设备不能从门窗的留孔进入时，可考虑将间隔墙设置成可拆卸的轻质墙。对外形尺寸特大的设备可采用安装墙或安装门，并布置在车间内走廊的终端。

（5）洁净室内的设备一般不采用基础。必须采用时，宜采用可移动的砌块水磨石光洁基础块。

（6）设备的安装位置不宜跨越洁净等级不同的房间或墙面。必须跨越时，应设置密封隔断装置，以防不同洁净等级房间之间的交叉污染。

（7）易污染或散热大的设备应尽可能布置在洁净室（区）外，必须布置在室内时，应布置在排风口附近。

（8）片剂生产过程中，粉碎、过筛、造粒、总混、压片等工序的粉尘和噪声较大，因此，车间应按工艺流程的顺序分成若干独立的小室，分别布置各工序设备，并采用消声隔音装置，以改善操作环境。

（9）有特殊要求的仪器、仪表，应布置在专门的仪器室内，并有防止静电、震动、潮湿或其他外界因素影响的设施。

（10）物料烘箱、干燥灭菌烘箱、灭菌隧道烘箱等设备宜采用跨墙布置，即将主要设备布置在非洁净区或控制区，待烘物料或器皿由此区加入，以墙为分隔线，墙的另一面为洁净区，烘干后的物料或器皿由该区取出。显然，设备的门应能双面开启，但不允许同时开启；设备既具有烘干功能，又具有传递窗功能。

（二）人员净化室、生活室及卫生通道的布置

1. 人员净化程序

（1）进入非无菌产品或可灭菌产品生产区的人员应按图 8-23 中的程序进行净化。

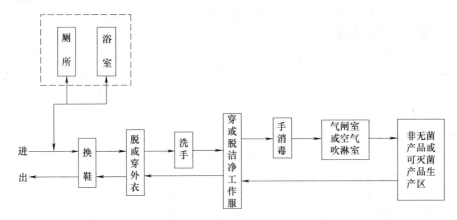

图 8-23　进入非无菌产品或可灭菌产品生产区的人员净化程序
虚线框内的设施可根据需要设置

（2）进入不可灭菌产品生产区的人员应按图 8-24 中的程序进行净化。

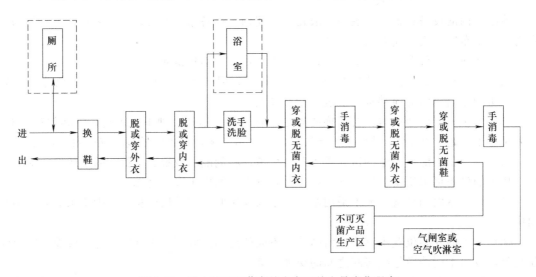

图 8-24　进入不可灭菌产品生产区的人员净化程序
虚线框内的设施可根据需要设置

2. 净化通道和设施

（1）门厅和换鞋处　门厅是工作人员进入车间的第一场所。工作人员进入门厅前首先应除去鞋上粘的泥土，以免将外界的尘粒带入车间。目前常用的方法是在门厅前设置刮泥格栅，以除去鞋底粘的大部分泥沙。

门厅内设有换鞋处，换鞋处内常设有鞋柜。进入车间的工作人员应在换鞋处将外用鞋换成车间提供的拖鞋，以避免将外界的尘粒带入更衣室。鞋柜的数量依据车间定员数确定，应保证每人可存入一双鞋。当车间定员数较多时，也可不设鞋柜而采用鞋套，即工作人员在换鞋处套上鞋套，在外衣存放室将鞋连同鞋套一起存入各自的更衣柜内，再换上车间提供的清洁鞋。

（2）外衣存放室　除外用鞋可带入尘粒外，工作人员的外衣及生活用品均能携带尘粒。因此，应设置外衣存放室。外衣存放室内设有衣柜，其数量由车间定员数确定。衣柜宜采用三层，上层放包，中层挂衣服，下层放鞋。挂衣处应分左右两格，分别存挂外用服和工作服，以免交叉污染。

工作人员先将外衣存入衣柜，然后换上白大褂或工作服。进入控制区或洁净区的工作人员还需再更换洁净服。

（3）气闸室　气闸室是设置于洁净室入口处的小室。气闸室也可理解为设置于两个或两个以上房间之间的具有两扇或两扇以上门的密封空间。为防止外界有污染的空气流入洁净室，气闸室的几扇门在同一时间内只能打开一扇。例如，在不同洁净等级的房间之间设有一个气闸室，当操作人员需进入这些房间时，可通过气闸室对气流加以控制。可见，气闸室是一个门可联锁但不能同时打开的房间。

气闸室通常没有送风和洁净等级要求，因此气闸室只能起一个缓冲作用，并不能有效防止外界污染的入侵。实际上，当工作人员进入气闸室时，外界受污染的空气已随人一起进入气闸室。当工作人员再进入洁净室时，气闸室内受污染的空气又随人一起进入洁净室。

（4）缓冲室　缓冲室是按相邻高等级洁净室的等级设计、体积不小于 $6m^3$ 的小室，其内设有洁净空气输送设备。缓冲室的作用要优于没有送风和洁净等级要求的气闸室。

由于单向流洁净室的抗干扰能力很强，因此单向流洁净室之间无需设置缓冲室。

当乱流洁净室相通时，若相邻洁净室之间的洁净等级仅相差一级，则可不设缓冲室；若洁净等级相差两级或两级以上，但高等级洁净室的体积超过 $270m^3$ 或高等级洁净室（以 $25m^3$ 为准）的含尘浓度突然上升后，恢复至正常含尘浓度所需的时间不超过 2min，均可不加缓冲，否则应设置缓冲室。

若洁净室之间的污染不仅仅是增加含尘浓度，而是改变性质的污染，如性质不同的尘源或菌种的污染，则必须设置缓冲室。

（5）空气吹淋室　空气吹淋室是一种可强制吹除附着于工作人员衣服上的尘粒的小室设备，又称空气风淋室，常设于洁净室的入口处。空气吹淋室可分为小室吹淋室和通道式吹淋室，前者又可分为喷嘴型吹淋室和条缝型吹淋室。

要想吹除附着于衣服表面上的尘粒，必须使衣服表面的气流转变为湍流，即使衣服抖动起来。

气流由层流转变为湍流有一定的速度条件。例如，对于球形喷嘴，为了使衣服表面的气流由层流转变为湍流，自由射流到达衣服表面的冲击速度必须大于 $18\sim20m/s$，这个速度称为临界吹淋速度。可见，为了吹除附着于衣服上的尘粒，气流到达衣服表面的冲击速度必须大于临界吹淋速度。

当使用人数超过 5 人时，为延长空气吹淋室的使用寿命，可设置旁通门。这样，工作人员可经旁通门离开洁净室而不必通过空气吹淋室。

3. 人员净化室和生活室的布置

（1）盥洗室内应设洗手、烘干和消毒设备。水龙头的数量可以最大班人数按每 10 人设 1 只确定。

（2）在 B 级洁净区的入口处应设置空气吹淋室，在 C 级洁净区的入口处既可设置空气吹淋室，也可设置气闸室。当采用单人空气吹淋室时，空气吹淋室的台数可以最大班人数按每 30 人设 1 台确定。

（3）生活用室中的厕所和淋浴室应布置在人员净化用室的区域之外。

4. 卫生通道的布置

卫生通道的洁净等级由外向内应逐步提高，故要求愈往内送风量愈大，以便造成正压，防止污染空气倒流，带入灰尘和细菌。

对于多层洁净厂房，卫生通道与洁净室常采用分层布置。通常是将换鞋处、外衣存放室、淋浴室、换内衣室布置在底层，然后通过洁净楼梯至有关各层，依次经过各层的二次更衣室（即穿无菌衣、鞋和手消毒室）、风淋室，再进入洁净区，如图 8-25 所示。

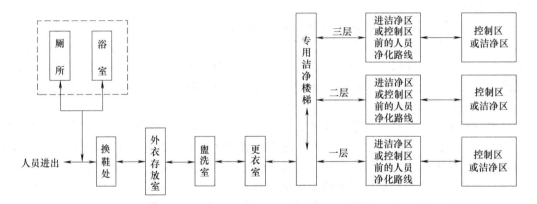

图 8-25　卫生通道与洁净室的分层布置

对于单层洁净厂房或面积较小的洁净室以及要求严格分隔的洁净室，常将卫生通道与洁净室布置在同一层。

不论卫生通道与洁净室是否布置在同一层，进入洁净室的入口位置都很重要。理想的入口位置应靠近洁净区的中心。

（三）物料净化室的布置

1. 物料净化程序

进入控制区或洁净区的物料（包括成品、包装材料、容器和工具等）均应按图 8-26 所示的程序进行净化。

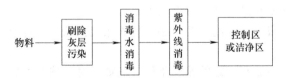

图 8-26　物料净化程序

2. 物料净化通道和净化室的布置

（1）物料净化出入口应独立设置，物料的传递路线应短捷，并避免与人员净化路线的交叉。

（2）在物料进入车间的入口处可设一外包装清洁室，其作用与人员净化程序中的净鞋、换鞋相同。

（3）在控制区前应设缓冲室，凡进入控制区的物料可先在缓冲室内刷除外表面的灰尘污染或剥除有污染的外皮，然后放入在控制区内使用的周转容器中。

（4）在洁净区前应设缓冲室，凡进入洁净区的物料可在缓冲室内刷除外表面的灰尘污染，并用消毒水擦洗消毒。然后在设有紫外灯的传递窗口内消毒，传入洁净区。

（5）洁净区与缓冲室之间应设气闸室或传递窗，气闸室或传递窗内可用紫外灯照射消毒。

（6）生产过程中的废弃物应设置专用传递设施，其出口不应与物料进口共用一个气闸室或传递窗。

（7）多层厂房的货梯应布置在一般生产区或控制区内，而不能布置在洁净区内。若将货梯布置在控制区内，则电梯出入口处均应设置缓冲室，缓冲室应对洁净区保持负压状态。

（四）洁净室内的电气设计

1. 照明

洁净室内的照明光源宜采用荧光灯，灯具宜采用吸顶式，灯具与顶棚之间的接缝应用密封胶密封。

洁净室内的照度应根据生产要求确定。一般情况下，主要工作室的照度不低于 300lx，辅助工作室、走廊、气闸室、人员净化室、物料净化室的照度可低于 300lx。对照度有特殊要求的生产部位可设置局部照明。此外，室内还应设有应急照明设施。

2. 紫外灯

有灭菌要求的洁净室，若无防爆要求，可安装紫外灯。紫外灯的数量可按每 $6\sim15m^3$ 的空间需 $1\sim2$ 支紫外灯来确定。当室内有人操作时，应避免紫外线直接照射在人的眼睛和皮肤上，此时可安装向上照射的吊灯或侧灯。在无人室内使用的紫外灯可直接安装在顶棚上。紫外灯的常见安装方式如图 8-27 所示，其中以顶棚灯的杀菌效果最好。

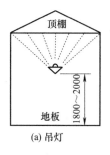
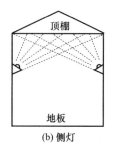
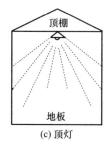

图 8-27 紫外灯的安装

3. 其他电气设备

仪表、配电板、接线盒、控制器、导线及其他元器件应尽量避免布置在洁净室内，必须布置时应隐藏在墙壁或天花板内。

（五）洁净室内的装修设计

洁净室内的地面可采用水磨石、塑料、耐酸瓷砖等不易起尘的材料，内墙常采用彩钢板装饰。彩钢板是一种夹芯复合板材，其芯板为聚苯乙烯或聚氨酯发泡板，表层为彩色热镀锌涂层钢板。

洁净室的门窗造型应简单，并具有密封严密、不易积尘和清扫方便等特点。门窗不设门槛或窗台，与内墙面的连接应平整。门应由洁净等级高的方向向洁净等级低的方向开启。在空调区外墙或空调区与非空调区隔墙上设置的窗均应采用双层窗，其中至少一层为固定窗。传递窗可采用平开钢窗或玻璃拉窗。门窗材料宜采用金属或金属涂塑料板材，如窗可采用铝合金窗或塑钢窗，门可采用铝合金门或钢板门。

此外，洁净室（区）内各种管道、灯具、风口以及其他公用设施的设计和安装，均应避免出现不易清洁的部位。

思考题

1. 简述制药车间布置设计的内容和步骤。
2. 车间布置设计的总体原则是什么？
3. 简述制药车间组成和布置形式。
4. 制药车间设备布置的一般要求是什么？
5. 简述制药洁净车间的布置设计。
6. 进入非无菌产品或可灭菌产品生产区的人员净化程序是怎样的？
7. 进入不可灭菌产品生产区的人员净化程序是怎样的？
8. 某药物原料药经烷基化反应合成，反应所需条件为：$80\sim85℃$，反应时间为4h。反应完成后，经降温，析晶，过滤。粗品用乙醇重结晶，并加入活性炭进行脱色。经热滤后，析出的晶体用离心机甩干，经干燥后分装得到药物精品。试以GMP规范为要求，设计此药物原料药的车间布置图及主要设备布置图。

自主设计项目

查阅相关资料，对已进行设备工艺设计与选型的对乙酰氨基酚原料药的工艺流程进行车间平面的布置设计，并绘制相应的车间平面布置图。

 第九章 管道布置设计

第一节 布 置 概 述

一、管道设计的作用和目的

管道在制药车间起着输送物料及传热介质的重要作用，是制药生产中必不可少的重要部分。药厂管道犹如人体内的血管，规格多，数量大，在整个工程投资中占有重要的比例。因此，正确地设计管道和安装管道，对减少工厂基本建设投资以及维持日后的正常操作有着十分重要的意义。

二、管道设计的条件

在进行管道设计时，应具有如下基础资料：①施工流程图；②设备平、立面布置图；③设备施工图；④物料衡算和热量衡算；⑤工厂地质情况；⑥地区气候条件；⑦其他（如水源、锅炉房蒸汽压力和压缩空气压力等）。

三、管道设计的内容

在初步设计阶段，设计带控制点工艺流程图时，首先要选择和确定管道、管件及阀件的规格和材料，并估算管道设计的投资；在施工图设计阶段，还需确定管沟的断面尺寸和位置，管道的支承间距和方式，管道的热补偿与保温，管道的平、立面位置，以及施工、安装、验收的基本要求。

管道设计的成果包括：管道平、立面布置图，管架图，楼板和墙的穿孔图，管架预埋件位置图，管道施工说明，管道综合材料表及管道设计概算。

管道设计的具体内容、深度和方法如下所述：

1. 管径的计算和选择

由物料衡算和热量衡算，选择各种介质管道的材料；计算管径和管壁厚度，然后根据管子现有的生产情况和供应情况作出决定。

2. 地沟断面的决定

地沟断面的大小及坡度应按管子的数量、规格和排列方法来决定。

3. 管道的配置

根据施工流程图，结合设备布置图及设备施工图进行管道的配置，应注明如下内容：

① 各种管子、管件、阀件材料和规格，管道内介质的名称、介质流动方向用代号或符号表示；标高以地平面为基准面，或以楼板为基准面。

② 同一水平面或同一垂直面上有数种管道，安装时应予注明。

③ 绘出地沟的轮廓线。

4. 提出资料

管道设计中应提出的资料包括：

① 将各种断面的地沟长度提给土建专业设计人员；

② 将车间上水、下水、冷冻盐水、压缩空气和蒸汽等管道管径及要求（如温度、压力等条件）提给公用系统专业设计人员；

③ 各种介质管道（包括管子、管件、阀件等）的材料、规格和数量；

④ 补偿器及管架等材料制作与安装费用；

⑤ 管道投资概算。

5. 编写管道施工安装说明书

管道施工安装说明书内容应包括：施工中要注意的问题；各种介质的管子及附件的材料；各种管道的坡度；保温刷漆等要求及安装时采用的不同种类管件管架的一般指示等问题。

第二节　管道、阀门及管件

一、公称压力和公称直径

公称压力和公称直径是管子、阀门及管件尺寸标准化的两个基本参数。

1. 公称压力

公称压力是管子、阀门或管件在规定温度下的最大允许工作压力（表压）。公称压力常用符号 p_g 表示，可分为 12 级，如表 9-1 所示。

表 9-1　公称压力等级

序号	公称压力		序号	公称压力		序号	公称压力	
	kgf/cm²	MPa		kgf/cm²	MPa		kgf/cm²	MPa
1	2.5	0.25	5	25	2.45	9	160	15.7
2	6	0.59	6	40	3.92	10	200	19.6
3	10	0.98	7	64	6.28	11	250	24.5
4	16	1.57	8	100	9.8	12	320	31.4

2. 公称直径

公称直径是管子、阀门或管件的名义内直径，常用符号 D_g 表示，如公称直径为 100mm

可表示为 D_g100。

公称直径并不一定就是实际内径。例如，管子的公称直径既不是它的外径，也不是它的内径，而是小于管子外径的一个数值。管子的公称直径一定，其外径也就确定了，但内径随壁厚而变。无缝钢管的公称直径和外径如表 9-2 所示。

表 9-2　无缝钢管的公称直径与外径　　　　　　　　　　　　　单位：mm

公称直径	外径	壁厚	公称直径	外径	壁厚	公称直径	外径	壁厚
10	14	3	65	76	4	225	245	7
15	18	3	80	89	4	250	273	8
20	25	3	100	108	4	300	325	8
25	32	3.5	125	133	4	350	377	9
32	38	3.5	150	159	4.5	400	426	9
40	45	3.5	175	194	6	450	480	9
50	57	3.5	200	219	6	500	530	9

对法兰或阀门而言，公称直径是指与其相配的管子的公称直径。如 D_g100 的管法兰或阀门，指的是连接公称直径为 100mm 的管子用的管法兰或阀门。

各种管路附件的公称直径一般都等于其实际内径。

二、管道

主要根据输送介质的温度、压力、腐蚀情况、供应来源和价格等因素综合考虑而选定管道。制药工业常用的管道有钢管、金属管和非金属管。

1. 常见管

（1）钢管　钢管包括焊接（有缝）钢管和无缝钢管两大类。

焊接钢管通常由碳钢板卷焊而成，以镀锌管较为常见。焊接钢管的强度低，可靠性差，常用作水、压缩空气、蒸汽、冷凝水等流体的输送管道。

无缝钢管可由普通碳素钢、优质碳素钢、普通低合金钢、合金钢等的管坯热轧或冷轧（冷拔）而成，其中冷轧无缝钢管的外径和壁厚尺寸较热轧的精确。无缝钢管品质均匀、强度较高，常用于高温、高压以及易燃、易爆和有毒介质的输送。

（2）有色金属管　在药品生产中，铜管和黄铜管、铅管和铅合金管、铝管和铝合金管都是常用的有色金属管。例如，铜管和黄铜管可用作换热管或真空设备的管道，铅管和铅合金管可用来输送 15%～65% 硫酸，铝管和铝合金管可用来输送浓硝酸、甲酸、乙酸等物料。

（3）非金属管　非金属管包括无机非金属管和有机非金属管两大类。玻璃管、搪玻璃管、玻璃钢管、陶瓷管等都是常见的无机非金属管，橡胶管、聚丙烯管、硬聚氯乙烯管、聚四氟乙烯管、耐酸酚醛塑料管、不透性石墨管等都是常见的有机非金属管。

非金属管通常具有良好的耐腐蚀性能，在药品生产中有着广泛的应用。在使用中应注意非金属管的力学性能和热稳定性。

2. 管道连接

（1）卡套连接　卡套连接是小直径（≤40mm）管道、阀门及管件之间的一种常用连接方式，具有连接简单、拆装方便等优点，常用于仪表、控制系统等管道的连接。

（2）螺纹连接　螺纹连接也是一种常用的管道连接方式，具有连接简单、拆装方便、成本较低等优点，常用于小直径（≤50mm）低压钢管或硬聚氯乙烯管道、管件、阀门之间的连接。缺点是连接的可靠性较差，螺纹连接处易发生渗漏，因而不宜用作易燃、易爆和有毒介质输送管道之间的连接。

（3）焊接　焊接是药品生产中最常用的一种管道连接方法，具有施工方便、连接可靠、成本较低的优点。凡是不需要拆装的地方，应尽可能采用焊接。所有的压力管道，如煤气、蒸汽、空气、真空等管道应尽量采用焊接。

（4）法兰连接　法兰连接常用于大直径、密封性要求高的管道连接，也可用于玻璃管、塑料管、阀门、管件或设备之间的连接。法兰连接的优点是连接强度高，密封性能好，拆装比较方便；缺点是成本较高。

（5）承插连接　承插连接常用于埋地或沿墙敷设的给排水管，如铸铁管、陶瓷管、石棉水泥管等与管或管件、阀门之间的连接。连接处可用石棉水泥、水泥砂浆等封口，用于工作压力不高于 0.3MPa、介质温度不高于 60℃ 的场合。

（6）卡箍连接　该法是将金属管插入非金属软管，并在插入口外，用金属箍箍紧，以防介质外漏。卡箍连接具有拆装灵活、经济耐用等优点，常用于临时装置或洁净物料管道的连接。

3. 管道油漆及颜色

（1）彻底除锈后的管道表层应涂红丹底漆两道，油漆一道。

（2）需保温的管道应在保温前涂红丹底漆两道，保温后再在外表面涂油漆一道。

（3）敷设于地下的管道应先涂冷底子油一道，再涂沥青一道，然后填土。

（4）不锈钢或塑料管道不需涂漆。

常见管道的油漆颜色如表 9-3 所示。

表 9-3　管道油漆颜色

介　质	颜　色	介　质	颜　色	介　质	颜　色
一次用水	深绿色	压缩空气	深蓝色	软水	翠绿色
二次用水	浅绿色	真空	黄色	污下水	黑色
清下水	淡蓝色	物料	深灰色	排气	黄色
酸性下水	黑色	蒸汽	白点红色圈	油管	橙黄色
冷冻盐水	银灰色	冷凝水	白色	生活污水	黑色

三、阀门

1. 阀门类型代号

阀门类型代号见表 9-4。

表 9-4　阀门类型代号

类　型	代　号	类　型	代　号	类　型	代　号
闸阀	Z	蝶阀	D	安全阀	A
截止阀	J	隔膜阀	G	减压阀	Y
节流阀	L	旋塞阀	X	疏水阀	S
球阀	Q	止回阀	H		

2. 阀门的分类

（1）按阀门的用途分

① 截断用：截断管路中介质，如闸阀、截止阀、球阀、旋塞阀、蝶阀等。

② 止回用：防止介质倒流，如止回阀。

③ 调节用：调节压力和流量，如调节阀、减压阀、节流阀、蝶阀、V 形开口球阀、平衡阀等。

④ 分配用：改变管路中介质流向，分配介质，如分配阀、三通或四通球阀、旋塞阀等。

⑤ 安全用：用于超压安全保护，如安全阀、溢流阀。

⑥ 其他特殊用途：如蒸汽疏水阀、空气疏水阀、排污阀、放空阀、呼吸阀、排渣阀、温度调节阀等。

（2）按驱动形式分

① 自动阀门：靠介质本身的能力而动作。

② 驱动阀门：包括手动、电动、气动、液动等。

（3）按压力分

① 真空阀：小于标准大气压。

② 低压阀门：PN≤1.6MPa。

③ 中压阀门：PN2.5～6.4MPa。

④ 高压阀门：PN10.0～80.0MPa。

⑤ 超高压阀门：PN≥100MPa。

（4）通用分类法　这种分类方法既按原理、作用又按结构划分，是目前国际、国内最常用的分类方法。

一般分为：闸阀、截止阀、节流阀、仪表阀、柱塞阀、隔膜阀、旋塞阀、球阀、蝶阀、止回阀、减压阀、安全阀、疏水阀、调节阀、底阀、过滤器、排污阀等。

3. 常用阀门

（1）闸阀　结构如图 9-1 所示。闸阀体内有一与介质的流动方向相垂直的平板阀芯，利用阀芯的升起或落下可实现阀门的启闭。闸阀的优点是不改变流体的流动方向，因而流动阻力较小。闸阀主要用作切断阀，常用作放空阀或低真空系统阀门。闸阀一般不用于流量调节，也不适用于含固体杂质的介质。闸阀的缺点是密封面易磨损，且不易修理。

（2）球阀　结构如图 9-2 所示。球阀体内有一可绕自身轴线作 90°旋转的球形阀瓣，阀瓣内设有通道。球阀结构简单，操作方便，旋转 90°即可启闭。球阀的使用压力比旋塞阀高，密封效果较好，且密封面不易擦伤，可用于浆料或黏稠介质。

（3）旋塞阀　结构如图 9-3 所示。旋塞阀具有结构简单、启闭方便快捷、流动阻力较小等优点。旋塞阀常用于温度较低、黏度较大的介质以及需要迅速启闭的场合，但一般不适用于蒸汽和温度较高的介质。由于旋塞很容易铸上或焊上保温夹套，因此可用于需要保温的场合。此外，旋塞阀配上电动、气动或液压传动机构后，可实现遥控或自控。

图 9-1　闸阀

图 9-2　球阀

图 9-3　旋塞阀

（4）止回阀 结构如图 9-4 所示。止回阀内有一圆盘或摇板，当介质顺流时，阀盘或摇板即升起打开；当介质倒流时，阀盘或摇板即自动关闭。因此，止回阀是一种自动启闭的单向阀门，用于防止流体逆向流动的场合，如在离心泵吸入管路的入口处常装有止回阀。止回阀一般不宜用于高黏度或含固体颗粒的介质。

（5）疏水阀 作用是自动排除设备或管道中的冷凝水、空气及其他不凝性气体，同时又能阻止蒸汽的大量逸出。因此，凡需蒸汽加热的设备以及蒸汽管道等都应安装疏水阀。

生产中常用的圆盘式疏水阀如图 9-5 所示。当蒸汽从阀片下方通过时，因流速高、静压低，阀门关闭；反之，当冷凝水通过时，因流速低，静压降甚微，阀片重力不足以关闭阀片，冷凝水便连续排出。

（6）截止阀 如图 9-6 所示。截止阀的阀座与流体的流动方向垂直，流体向上流经阀座时要改变流动方向，因而流动阻力较大。截止阀结构简单，调节性能好，常用于流体的流量调节，但不宜用于高黏度或含固体颗粒的介质，也不宜用作放空阀或低真空系统阀门。

（7）安全阀 如图 9-7 所示。内设有自动启闭装置，当设备或管道内的压力超过规定值时阀即自动开启以泄出流体，待压力回复后阀又自动关闭，从而达到保护设备或管道的目的。

安全阀的种类很多，以弹簧式安全阀最为常用。当流体可直接排放到大气中时，可选用全启式安全阀；若流体不允许直接排放，则应选用封闭式安全阀，将流体排放到总管中。

（8）减压阀 作用是自动地把外来较高压力的介质降低到需要压力，如图 9-8 所示。减压阀适用于蒸汽、水、空气等非腐蚀性流体介质，在蒸汽管道中应用最广。

图 9-4 止回阀

图 9-5 疏水阀

图 9-6 截止阀

图 9-7 安全阀

图 9-8 减压阀

4. 阀门选择

阀门是管路系统的重要组成部件，流体的流量、压力等参数均可用阀门来调节或控制。阀门的种类很多，结构和特点各异。根据操作工况的不同，可选用不同结构和材质的阀门。一般情况下，可按以下步骤进行阀门选择：

（1）根据被输送流体的性质以及工作温度、工作压力选择阀门材质。阀门的阀体、阀杆、阀座、压盖、阀瓣等部位既可用同一材质制成，也可用不同材质制成，以达到经济、耐用的目的。

（2）根据阀门材质、工作温度及工作压力，确定阀门的公称压力。

（3）根据被输送流体的性质以及阀门的公称压力、工作温度，选择密封面材质。密封面材质的最高使用温度应高于工作温度。

（4）确定阀门的公称直径。一般情况下，阀门的公称直径可采用管子的公称直径，但应校核阀门的阻力对管路是否合适。

（5）根据阀门的功能、公称直径及生产工艺要求，选择阀门的连接形式。

（6）根据被输送流体的性质以及阀门的公称直径、公称压力和工作温度等，确定阀门的类别、结构形式和型号。

四、管件

管件是管与管之间的连接部件，延长管路、连接支管、堵塞管道、改变管道直径或方向等均可通过相应的管件来实现，如利用法兰、活接头、内牙管等管件可延长管路，利用各种弯头可改变管路方向，利用三通或四通可连接支管，利用异径管（大小头）或内外牙（管衬）可改变管径，利用管帽或管堵可堵塞管道等。图9-9为常用管件示意图。

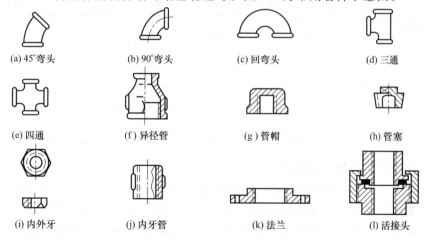

(a) 45°弯头	(b) 90°弯头	(c) 回弯头	(d) 三通
(e) 四通	(f) 异径管	(g) 管帽	(h) 管塞
(i) 内外牙	(j) 内牙管	(k) 法兰	(l) 活接头

图 9-9　常用管件

第三节　管道布置设计技术

一、管道布置中的常见技术问题

（一）管道布置的一般原则

管道布置设计时，首先要统一协调工艺和非工艺管的布置，然后按照工艺流程并结合设备布置、土建情况等布置工艺管道。在满足工艺、安装检修、安全、整齐、美观等要求的前提下，使投资最省，经常费用支出最小。

（1）管道既可以明敷，也可以暗敷。一般化工车间内的管道多采用明敷，以减少投资，并有利于安装、操作和检修。有洁净要求的车间、动力室、空调室内的管道可采用明敷，而洁净室内的管道应尽可能采用暗敷。

（2）管道应集中敷设，在垂直排列时：热介质管在上，冷介质管在下；无腐蚀性介质管在上，有腐蚀性介质管在下；气体管在上，液体管在下；不经常检修管在上，检修频繁管在下；高压管在上，低压管在下；保温管在上，不保温管在下；金属管在上，非金属管在下。水平排列时：粗管靠墙，细管在外；低温管靠墙，热管在外，不耐热管应避开热管；无支管的管在内，支管多的管在外；不经常检修的管在内，经常检修的管在外；高压管在内，低压管在外。

（3）应尽量缩短管路的长度，并注意减少拐弯和交叉。多条管路宜集中布置，并平行敷设。

（4）明敷的管道可沿墙、柱、设备、操作台、地面或楼面敷设，也可架空敷设。暗敷管道常敷设于地下或技术夹层内。

（5）管道通过人行道时，离地面高度不小于2m；通过公路时，不小于4.5m；通过工厂主要交通干道时，一般为5m。

（6）输送有毒或易腐蚀性介质的管道，不得在人行道上方设置阀件、法兰等。

（7）输送易燃、易爆和剧毒介质的管道，不得敷设在生活间、楼梯间和走廊处。

（8）管路敷设应有一定的坡度，坡度方向大多与介质的流动方向一致，但也有个别例外。管路坡度与被输送介质的性质有关，常见管路的坡度可参照表9-5中的数据选取。

表9-5　常见管路的坡度

介质名称	管路坡度	介质名称	管路坡度
蒸汽	0.002~0.005	蒸汽冷凝水	0.003
压缩空气	0.004	真空	0.003
冷冻盐水	0.005	低黏度流体	0.005
清净下水	0.005	含固体颗粒液体	0.01~0.05
生产废水	0.001	高黏度液体	0.05~0.01

（二）洁净厂房内的管道设计

（1）在有空气洁净度要求的厂房内，系统的主管应布置在技术夹层、技术夹道或技术竖井中。夹层系统中有空气净化系统管线，包括送、回风管道、排气系统管道、除尘系统管道，这种系统管线的特点是管径大，管道多且广，是洁净厂房技术夹层中起主导作用的管道。管道的走向直接受空调机房位置、逆回风方式、系统的划分等三个因素的影响，而管道的布置是否理想又直接影响技术夹层。

这个系统中，工艺管道主要包括净化水系统和物料系统。这个系统的水平管线大都是布置在技术夹层内。一些需要经常清洗消毒的管道应采用可拆式活接头，并宜明敷。

公用工程管线气体管道中除煤气管道明装外，一般上水、下水、动力、空气、照明、通信、自控、气体等管道均可将水平管道布置在技术夹层中。洁净车间内的电气线路一般宜采用电源桥架敷线方式，这样有利于检修，有利于洁净车间布置的调整。

（2）暗敷管道的常见方式有技术夹层、管道竖井以及技术走廊。

技术夹层的几种形式为：①仅顶部有技术夹层，这种形式在单层厂房中较普遍；②二层洁净车间时，底层为空调机房、动力等辅助用房，则空调机房上部空间可作为上层洁净车间的下夹层，亦有将空调机房直接设于洁净车间上部的。

生产岗位所需的管线均由夹层内的主管线引下，一般小管径管道及一些电气管线可埋设于墙体内，而管径较大，管线多时则可集中设于管道竖井内。注意，多层及高层洁净厂房的管道竖井，至少每隔一层要用钢筋混凝土板封闭，以免发生火警时波及各层。

技术走廊使用和管道竖井相同。在固体制剂车间，在有粉尘散发的房间后侧设技术走廊。技术走廊内可安排送回风管道、工艺及公用工程管线，这样既保证操作室内无明管，而且检修方便。这种方法对层高过低的老厂房是非常有效的。

（3）管道材料应根据所输送物料的理化性质和使用工况选用。采用的材料应保证满足工艺要求，使用可靠，不吸附和污染介质，施工和维护方便。引入洁净室（区）的明管材料应采用不锈钢。输送纯化水、注射用水、无菌介质和成品的管道材料、阀门、管件宜采用低碳优质不锈钢（如含碳量分别为 0.08％、0.03％的 316 钢和 316L 钢），以减少材质对药品和工艺水质的污染。

（4）洁净室（区）内各种管道，在设计和安装时应考虑使用中避免出现不易清洗的部位。

为防止药液或物料在设备、管道内滞留，造成污染，设备内壁应光滑、无死角。管道设计要减少支管、管件、阀门和盲管。为便于清洗、灭菌，需要清洗、灭菌的零部件要易于拆装，不便拆装的要设清洗口。无菌室设备、管道要适应灭菌需要。输送无菌介质的管道应采取灭菌措施或采用卫生薄壁可拆卸式管道，管道不得出现无法灭菌的"盲管"。

管道与阀门连接宜采用法兰、螺纹或其他密封性能优良的连接件，采用法兰连接时宜使用不易积液的对接法兰、活套法兰。凡接触物料的法兰和螺纹的密封应采用聚四氟乙烯材料。输送药液管路的安装应尽量减少连接处，密封垫宜采用硅橡胶等材料。

（5）输送纯化水、注射用水管道，应尽量减少支管、阀门。输送管道应有一定坡度。其主管应采用环形布置，按 GMP 要求保持循环，以便不用时注射用水可经支管的回流管道回流至主管，防止在支管内因水的滞留而滋生细菌。

引入洁净室（区）的支管宜暗敷，各种明设管道应方便清洁，不得出现不易清洁的部位。洁净室内的管道应排列整齐，尽量减少洁净室内的阀门、管件和管道支架。各种给水管道宜竖向布置，在靠近用水设备附近横向引入。尽量不在设备上方布置横向管道，防止水在横管上静止滞留。从竖管上引出支管的距离宜短，一般不宜超过支管直径的 6 倍。排水竖管不应穿过洁净度要求高的房间，必须穿过时，竖管上不得设置检查口。管道弯曲半径宜大不宜小，弯曲半径小容易积液。

地下管道应在地沟管槽或地下埋设，技术夹层主管上的阀门、法兰和接头不宜设在技术层内，其管道连接应采用焊接。这些主管的放净口、吹扫口等均应布置在技术夹层之外。穿越洁净室的墙、楼板、硬吊顶的管道应敷设在预埋的金属套管中，管道与套管间应有可靠密封措施。

（6）阀门选用也应考虑不积液的原则，不宜使用普通截止阀、闸阀，宜使用清洗消毒方便的旋塞、球阀、隔膜阀、卫生蝶阀、卫生截止阀等。1～5 级的洁净室内不得设置地漏，6 级和 7 级洁净室也应少设地漏。设在洁净室的地漏应采用带水封、带格栅和塞子的全不锈钢内抛光的洁净室地漏，开启方便，能防止废气倒灌。必要时可消毒灭菌。洁净区的排水总管顶部设置排气罩，设备排水口应设水封，地漏均需带水封。

（7）洁净室管道应视其温度及环境条件确定绝热条件。

冷保温管道的保温层外壁温度不得低于环境的露点温度。管道保温层表面必须平整、光洁，整体性能好，不易脱落，不散发颗粒。应选用绝热性能好、易施工的材料，并宜用金属外壳保护。

（8）洁净室（区）内配电设备的管线应暗敷，进入室内的管线口应严格密封，电源插座宜采用嵌入式。

（9）洁净室及其技术夹层、技术夹道内应设置灭火设施和消防给水系统。

二、常见设备的管道布置

1. 容器

（1）釜式反应器等立式容器周围原则上可分成配管区和操作区，其中操作区主要用来布置需经常操作或观察的加料口、视镜、压力表和温度计等，配管区主要用来布置各种管道和阀门等。

（2）立式容器底部的排出管路若沿墙敷设，距墙的距离可适当减小，以节省占地面积。但设备的间距应适当增大，以满足操作人员进入和切换阀门所需的面积和空间，如图 9-10（a）所示。

（3）若排出管从立式容器前部引出，则容器与设备或墙的距离均可适当减小。一般情况下，阀门后的排出管路应立即敷设于地面或楼面以下，如图 9-10（b）所示。

（4）若立式容器底部距地面或楼面的距离能够满足安装和操作阀门的需要，则可将排出管从容器底部中心引出，如图 9-10（c）所示。从设备底部中心直接引出排出管既可降低敷设高度，又可节约占地面积，但设备的直径不宜过大，否则会影响阀门的操作。

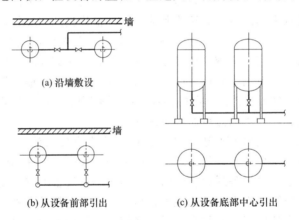

图 9-10 立式容器底部排出管的布置

（5）需设置操作平台的立式容器，其进入管道宜对称布置，如图 9-11（a）所示。

（6）对可站在地面或楼面上操作阀门的立式容器，其进入管道宜敷设在设备前部，如图 9-11（b）所示。

（7）若容器较高，且需站在地面或楼面上操作阀门，则其进入管路可参考图 9-11（c）中的方法布置。

（8）卧式容器的进出料口宜分别设置在两端，一般可将进料口设在顶部，出料口设在底部。

2. 泵

（1）泵的进、出口管路均应设置支架，以避免进、出口管路及阀门的重量直接支承于泵体上。

（2）应尽量缩短吸入管路长度，并避免不必要的管件和阀门，以减少吸入管路阻力。

（3）吸入管路的内径不应小于泵吸入口的内径。若泵的吸入口为水平方向，则可在吸入

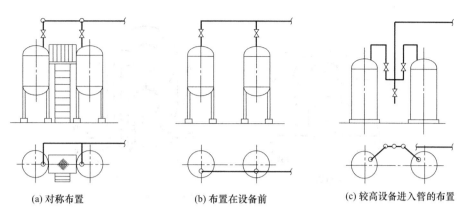

(a) 对称布置　　　　　　(b) 布置在设备前　　　　　(c) 较高设备进入管的布置

图 9-11　立式容器顶部进入管道的布置

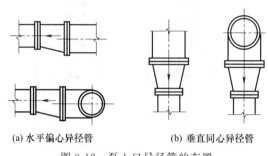

(a) 水平偏心异径管　　　(b) 垂直同心异径管

图 9-12　泵入口异径管的布置

管路上配置偏心异径管，管顶取平，如图 9-12（a）所示。若吸入口为垂直方向，则可配置同心异径管，如图 9-12（b）所示。

（4）为防止停泵时发生物料"倒冲"现象，在泵的出口管路上应设止回阀。止回阀应布置在泵与切断阀之间，停泵后应关闭切断阀，以免止回阀板因长期受压而损坏。

（5）在布置悬臂式离心泵的吸入管路时应考虑拆修叶轮的方便。

（6）往复泵、齿轮泵、螺杆泵、旋涡泵等容积式泵的出口不能堵死，其排出管路上一般应设安全阀，以防泵体、管路和电机因超压而损坏。

（7）在布置蒸汽往复泵的进汽管路时，应在进汽阀前设置冷凝水排放管，以防发生"水击汽缸"现象。在布置排汽管路时，应尽可能减小流动阻力，并不设阀门。在可能积聚冷凝水的部位还应设置排放管，放空量较大的还应设置消声器。

（8）计量泵、蒸汽往复泵以及非金属泵的吸入口处均应设置过滤器，以免杂物进入泵体。

3. 塔

（1）塔周围原则上可分成配管区和操作区。其中配管区专门布置各种管道、阀门和仪表，一般不设平台；而操作区一般设有平台，用于操作阀门、液位计和人孔等。塔的配管区和操作区的布置如图 9-13 所示。

（2）塔的配管比较复杂，各接管的管口方位取决于工艺要求、塔内结构以及相关设备的布置位置。

（3）塔顶气相出料管的管径较大，宜从塔顶引出，然后在配管区沿塔向下敷设。

（4）沿塔敷设的管道，其支架应布置在热应力较小的位置。直径较小且较高的塔，常置于钢架结构中，此时管道可沿钢架敷设。

（5）塔底管路上的阀门和法兰接口，不应布置在狭小的裙座内，以免操作人员在物料泄漏时因躲闪不及而造成事故。

（6）为避免塔侧面接管在阀门关闭后产生积液，阀门宜直接与塔体接管相连，如图 9-14所示。

（7）塔体在同一角度有多股进料管或出料管并联时，不应采用刚性连接，而应采用柔性

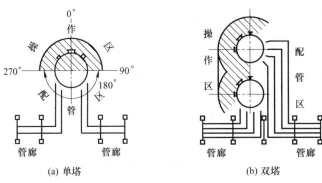

(a) 单塔   (b) 双塔

图 9-13　塔的配管区和操作区的布置

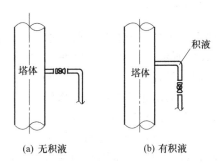

(a) 无积液　　(b) 有积液

图 9-14　塔侧面阀门的布置

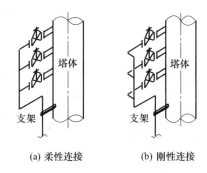

(a) 柔性连接　　(b) 刚性连接

图 9-15　多股进料管或出料管的布置

连接，如图 9-15 所示。

（8）人孔或手孔一般布置在塔的操作区，多个人孔或手孔宜在一条垂线上。人孔或手孔的数量和位置取决于安装及检修要求，人孔中心距平台的高度宜为 0.5～1.5m。

（9）压力表、液位计、温度计等仪表应布置在操作区平台的上方，以便观察。

4. 换热器

换热器的种类很多，其管道布置原则和方法基本相似。现以常见的管壳式换热器为例介绍换热器的管道布置。

（1）管壳式换热器已实现标准化，其基本结构已经确定，但接管直径、管口方位和安装结构应根据管路计算和布置要求确定。

（2）换热器的管道布置应考虑冷热流体的流向。一般热流体应自上而下流动，冷流体应自下而上流动。

（3）换热器左侧的管道应尽可能拐向左侧，右侧的管道应尽可能拐向右侧。

（4）换热器的管道布置不应妨碍换热管（束）的抽取，以及阀门、法兰等的安装、检修或拆卸。

（5）阀门、压力表、温度计等都要安装在管道上，而不能安装在换热器上。

（6）进、出口管道的低点处应设排液阀，出口管道靠近换热器处应设排气阀。

（7）换热器的进、出口管路应设置必要的支吊架，以免进、出口管路及阀门的重量全部支承在换热器上。

思考题

1. 简述管道布置的主要内容。

2. 制药厂常见的管道有哪些？各有何特点？

3. 药厂常见的管道连接方式有哪些？

4. 药厂常用阀门有哪些？各有何特点？其适用范围是什么？

5. 管道布置的一般原则是什么？

6. 洁净厂房管道设计原则是什么？

7. 常见设备如何进行管道布置？

自主设计项目

查阅相关资料并结合年产 1000 吨对乙酰氨基酚原料药车间平面布置设计，对该原料药进行管路布置设计。

综合教学项目
年产 1000 吨对乙酰氨基酚原料药工艺设计

一、项目实施

本项目是在学生们系统学习本教材前九章的内容后，设置的综合教学项目。首先教师向学生下达制药工艺设计任务书，学生接受设计任务书，查阅对乙酰氨基酚的相关资料并结合本教材的内容完成对乙酰氨基酚工艺路线的选择、工艺条件的优化、工艺流程设计、物料衡算与能量衡算、主要设备工艺设计与选型、"三废"回收套用设计、车间平面设计、管道设计等进行工艺改进与革新所需知识与技能的训练。实训结束后提交相应设计文件：制药工艺设计说明书一份；带工艺控制点的工艺流程图一份；车间平面布置图一份。

项目实行"小班"教学，班级中 5～6 名学生为一个设计小组，每个小组安排组长，实行组长负责制。教学过程中，采取理论讲解、资料查阅、讨论交流、动手设计、教师引导与总结评价相结合的"六步教学法"组织实施。

二、项目相关教学资料

本综合教学项目实施过程设计的相关教学资料包括：制药工艺设计任务书、制药工艺设计说明书和对乙酰氨基酚生产工艺，其具体格式见本书附录。

三、项目考核与评价

本项目采取"能力考核"与"过程考核"相结合的考核模式综合评价学生在职业素质、应知、应会等方面"学"得如何。学生最终成绩由"过程考核成绩"（50％）＋"能力考核成绩"（50％）两部分组成。

"能力考核"主要是笔试。笔试主要是对理论知识的掌握和分析、解决问题的能力考核，以试卷的形式进行考核。"过程考核"主要是设计实训。设计实训考核注重设计任务完成是否合理、实施是否顺利、与人协作情况及出勤情况等，关键还是过程的完整性结果，可采用学生自评、学生互评与教师点评相结合的方式综合评定学生成绩。

附　表

一、常见设备的代号和图例

设备类别及代号	图　例	设备类别及代号	图　例
塔（T）	填料塔　　板式塔　　喷洒塔	换热器（E）	换热器　　固定管板式列管换热器　　口形管式换热器 浮头式列管换热器　　套管式换热器　　斧式换热器
塔内件	降液管　　受液盘　　泡罩塔塔板 浮阀塔塔板　　格栅板　　升气管 湍球塔　　筛板塔塔板　　分配(分布)器、喷淋器 丝网除沫层　　填料除沫层	换热器（E）	板式换热器　　螺旋式换热器　　翅片管换热器 蛇管式换热器　　喷淋式冷却器　　刮板式薄膜蒸发器 蛇管式蒸发器　　抽风式空冷器　　送风式空冷器 带风扇的翅片管式换热器

续表

设备类别及代号	图 例	设备类别及代号	图 例
反应器（R）	固定床反应器　列管式反应器　流化床反应器　反应釜（带搅拌、夹套）	工业炉（F）	厢式炉　圆筒炉　圆筒炉
火炬、烟囱（S）	烟囱　火炬	容器（V）	卧式容器　卧式容器
泵（B）	离心泵　水环式真空泵　旋转泵齿轮泵　螺杆泵　往复泵　隔膜泵　液下泵　喷射泵　旋涡泵	容器（V）	锥顶罐　（地下、半地下）池、槽、坑　浮顶罐　圆顶锥底容器　蝶形封头容器　平顶容器　干式气柜　湿式气柜　球罐

续表

设备类别及代号	图 例	设备类别及代号	图 例
压缩机（C）	鼓风机　旋转式压缩机（卧式）（立式）　离心式压缩机　往复式压缩机　二段往复式压缩机（L）　四段往复式压缩机	其他机械（M）	固定床过滤器　带滤筒的过滤器　填料除沫分离器　丝网除沫分离器　旋风分离器　干式电除尘器　湿式电除尘器
设备内件附件	防涡流器　插入管式防涡流器　防冲板　加热或冷却部件　搅拌器		

二、常见管道、管件的图例

图形符号	说 明	图形符号	说 明
——	管道：用于一张图内只有一种管道		方形伸缩器
—J— —P—	管道：用汉语拼音字头表示管道类别		防水套管
—·—·—	导管：用图例表示管道类别		软管
—┼—	交叉管：指管道交叉不连接，在下方和后面的管道应断开		可挠曲橡胶接头
	三通连接	—✳—✳—	管道固定支架
	弧形伸缩器	XL　XL	管道立管

图 形 符 号	说　明	图 形 符 号	说　明
	排水明沟		管堵
	排水暗沟		法兰堵盖
	四通连接		偏心异径管
	流向		异径管
	坡向		乙字管
	套管伸缩器		喇叭口
	波形伸缩器		螺纹连接
	管道滑动支架	YD	雨水斗
	保温管 也适用于防结露管		排水漏斗
	多孔管		圆形地漏
	拆除管		阀门套筒
	地沟管		挡墩
	防护套管		活接头
	检查口		转动接头
	清扫口		管接头
	通气帽		弯管
	弯折管 表示管道向后弯90°		正三通
	弯折管 表示管道向前弯90°		斜三通
	存水弯		正四通
	方形地漏		斜四通
	自动冲洗箱		
	法兰连接		
	承插连接		

三、常见阀门的图例

序号	名　称	图　例	序号	名　称	图　例
1	闸阀		16	插板阀	
2	截止阀		17	弹簧式安全阀	
3	止回阀		18	重锤式安全阀	
4	直通旋塞		19	高压截止阀	
5	三通旋塞		20	高压节流阀	
6	四通旋塞		21	高压止回阀	
7	隔膜阀		22	阀门带法兰盖	
8	蝶阀		23	阀门带堵头	
9	角式截止阀		24	集中安装阀门	
10	角式节流阀		25	集中安装阀门	
11	球阀		26	底阀	
12	节流阀		27	平面阀	
13	减压阀		28	浮球阀	
14	放料阀		29	高压球阀	
15	柱塞阀		30	针型阀	

四、部分仪表功能图例

功 能	仪 表	功 能	仪 表
温度指示	TI / 402	压力指示	PI / 401
温度指示 （手动多点切换开关）	TI / 401-1	手动指示控制系统	HIC / 401
温度记录	TR / 401	流量记录 （检出元件为限流孔板）	FR / 401
温度记录控制系统	TRC / 401	弹力安全阀	PSV / 401

对乙酰氨基酚生产工艺

一、概述

对乙酰氨基酚，化学名称为对乙酰氨基苯酚、N-(4-羟基苯基)乙酰胺、对羟基苯基乙酰胺。曾用名：扑热息痛（APAP）。

结构式：

$$CH_3CNH \text{—} \bigcirc \text{—} OH \qquad O$$

分子式 $C_8H_9NO_2$
相对分子质量 151.16
CAS:103-90-2

本品为白色、类白色结晶或结晶性粉末，无气味，味苦。从乙醇中得棱柱体结晶。熔点为 168～172℃，相对密度 1.293（21/4℃）。能溶于乙醇、丙酮和热水，难溶于水，不溶于石油醚及苯。

对乙酰氨基酚是目前临床上常用的解热镇痛药，口服吸收迅速，可用于发热、疼痛，其解热镇痛作用与阿司匹林基本相同，但无抗炎抗风湿作用，对血小板和尿酸排泄无影响，正常使用剂量下对肝脏无损害，毒副作用小，尤其适用于胃溃疡病人及儿童，是世界卫生组织推荐的小儿首选退热药，也是目前临床多种抗感冒复方制剂的活性成分。

对乙酰氨基酚作用机制主要是通过抑制环氧化酶，选择性抑制下丘脑体温调节中枢前列腺素的合成，导致外周血管扩张、出汗而达到解热的作用，其解热作用强度与阿司匹林相似；通过抑制前列腺素等的合成和释放，提高痛阈而起到镇痛作用，属于外周性镇痛药，作用较阿司匹林弱，仅对轻、中度疼痛有效。

对乙酰氨基酚于 20 世纪 40 年代开始在临床上广泛使用，经过 100 多年的发展，现已成为全世界应用最为广泛的药物之一。我国已有含对乙酰氨基酚治疗感冒的制剂达 30 多种，如对乙酰氨基酚片（泰诺、必理通）、对乙酰氨基酚混悬滴剂、对乙酰氨基酚分散片、对乙酰氨基酚咀嚼片、对乙酰氨基酚口服液、对乙酰氨基酚凝胶、对乙酰氨基酚注射液、复方氨酚烷胺胶囊（快克）等。

我国于 1959 年开始生产对乙酰氨基酚，作为我国医药原料药产量最大的品种之一，自 20 世纪 80 年代以来，其产量持续稳步上升。2004 年以来，我国已成为全球最大对乙酰氨基酚出口和生产国，出口的对乙酰氨基酚原料约占国际对乙酰氨基酚原料市场份额的 38%～40%。2007 年我国的对乙酰氨基酚生产能力达 8 万吨，实际产量约为 6.4 万吨，出口约 4.64 万吨。2008 年我国对乙酰氨基酚的出口量达 5 万吨，成为仅次于维生素 C 的第二大原料生产品种。规模最大的 3 家生产商为山东安丘鲁安药业公司、河北衡水冀衡药业公司、浙江康乐药业公司，3 家公司的对乙酰氨基酚原料的年产量均在 7000 吨以上。

二、对乙酰氨基酚的合成路线

对氨基苯酚是各条合成的路线共同的中间体，该中间体再经乙酰化反应即可得对乙酰氨基酚。无论用哪条合成路线制备对乙酰氨基酚，最后一步乙酰化是相同的。

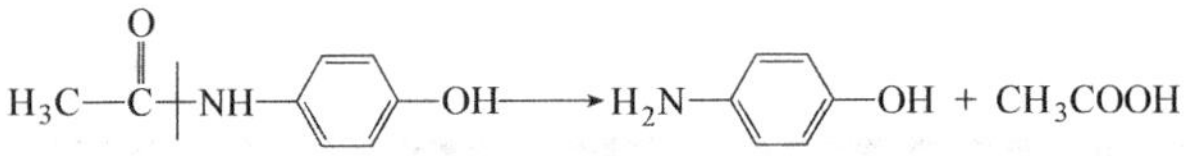

$$H_3C-\overset{O}{\overset{||}{C}}-NH-\!\!\!\!\!\!\bigcirc\!\!\!\!\!\!-OH \longrightarrow H_2N-\!\!\!\!\!\!\bigcirc\!\!\!\!\!\!-OH + CH_3COOH$$

对氨基苯酚的合成路线有：以对硝基氯苯为原料的路线；以苯酚为原料的路线；以硝基苯为原料的路线。

（一）以对硝基氯苯为原料的路线

国内外生产企业多年来基本按照条工艺路线生产。传统二步法是以对硝基氯苯为原料，经水解、酸化、还原制得对氨基苯酚，再经酰化得到对乙酰氨基酚。

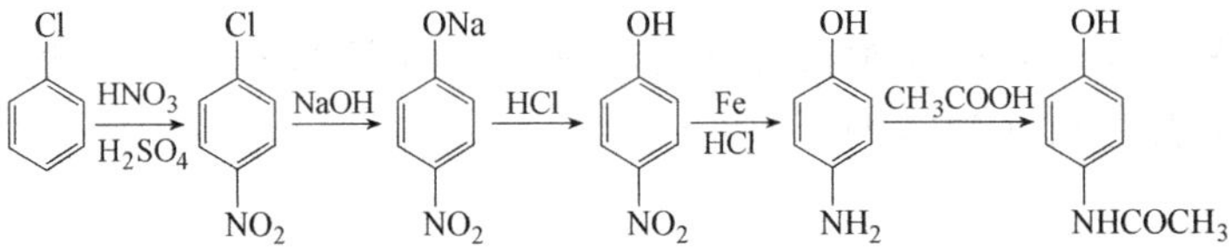

该法虽然技术成熟，工艺简单，也适合于大生产。但制备对硝基苯酚钠的中间体对硝基氯苯毒性很大，具有刺激性，能引起皮炎及过敏症；严重的是生产过程中会产生大量含酚、胺的铁泥和污水，几乎每产 1 吨对氨基苯酚就有 2 吨铁泥产生，污染严重。因此，改革生产工艺是当前对乙酰氨基酚生产中迫切需要解决的问题。

（二）以苯酚为原料的路线

1. 苯酚亚硝化法

苯酚在冷却（0～5℃）下与亚硝酸钠和硫酸作用生成对亚硝基苯酚，再经 Na_2S 还原得对氨基苯酚（此化合物为对乙酰氨基酚生产过程中的重要中间体）。此条合成路线较成熟，收率为 80%～85%，但使用硫化钠作还原剂，成本偏高，同时产生大量碱性废水。在对硝基苯酚钠供应不足的情况下，本法还是有应用价值的。

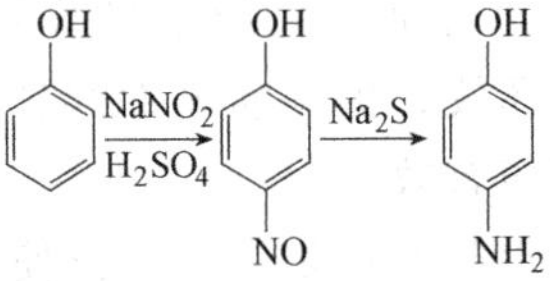

2. 苯酚偶合法

苯酚与苯胺重氮盐在碱性环境中偶合，然后将混合物酸化得对羟基偶氮苯，再用钯/碳为催化剂在甲醇溶液中氢解得对氨基苯酚。本法原料易得，工艺简单，收率很高（95%～98%），氢解后生成的苯胺可回收套用。

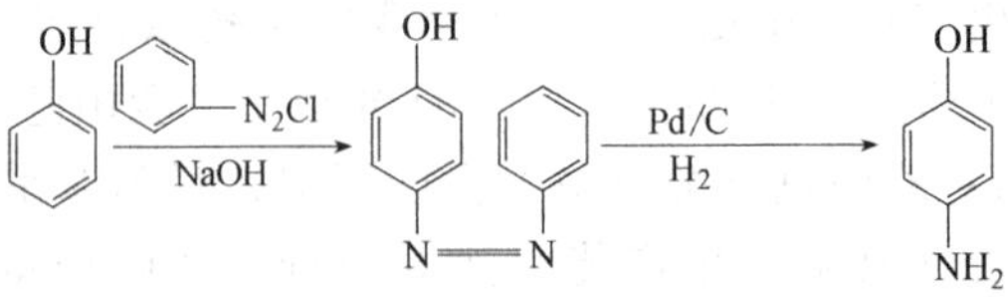

3. 苯酚硝化法

由苯酚硝化可得对硝基苯酚，还原得对氨基苯酚，苯酚硝化反应时需冷却（0～5℃），并有二氧化氮气体产生，需要耐酸设备及废气吸收装置。

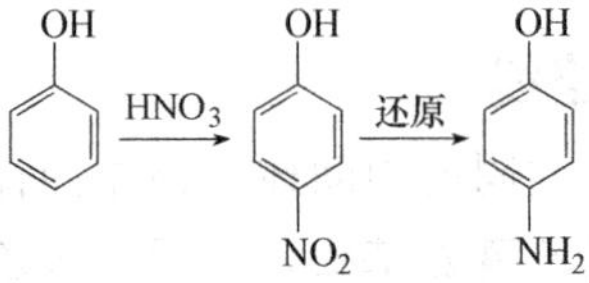

由对硝基苯酚还原成对氨基苯酚，有两种方法：铁屑还原法和加氢还原法。铁屑还原法是比较古老的方法，由于产率低，质量差，且排出的废渣、废液量大，目前生产上已很少使用。加氢还原法是目前工业上优先采用的方法。

（三）以硝基苯为原料的路线

硝基苯为价廉易得的化工原料，它可由铝屑还原或电解还原或催化氢化等方法直接制成中间体对氨基苯酚。

1. 铝屑还原法

硝基苯在硫酸中经铝屑还原得苯基羟胺（又称苯胲），无需分离经 Bamberger 重排得对氨基苯酚。此路线流程短，所得对氨基苯酚质量较好，副产物氢氧化铝可通过加热过滤回收。

2. 电解还原法

此法也是经苯胲一步合成对氨基苯酚。一般采用硫酸为阳极溶剂，铜作阴极，铅作阳极，反应温度为 $80\sim90℃$，除日本某些公司采用外，本法在工业生产中应用不多，一般仅限于实验室合成或中型规模生产。原因是此法电解设备要求高，须用密闭电解槽防止有毒的硝基苯蒸气溢出，且电极腐蚀较多等。但在电力资源充足，成本可进一步降低的情况下，用该法是可行的。此法优点是可对还原过程进行控制，收率较高，副产物少。

3. 催化氢化法

此法同样是经苯胲一步合成对氨基苯酚。但苯胲能继续加氢，在酸性介质中生成苯胺，这是本法最主要的副反应，其副产物生成量约达 $10\%\sim15\%$。铁、镍、钴、锰、铬等金属有利于苯胲转化成苯胺，而铝、硼、硅等元素及其卤化物可使硝基苯加速转化成对氨基苯酚，并使苯胲生成苯胺的反应降至最小程度。生成的苯胺等副产物可加少量氯仿、氯乙烷处理除去。

目前生产上一般采用贵金属为催化剂，如铂、钯、铑等，以活性炭为载体，在常压或低压下进行，如催化剂活性低，要求反应压力为 $5\sim10MPa$，有时甚至更高，操作不安全。山东新华制药厂从德国引进的设备和工艺就是采用铂/碳为催化剂。河北工业大学王延吉等的发明专利，以三氟化硼-乙醚-水溶液为介质，Pd/C 为催化剂，在表面活性剂中氢化，使硝基苯转化为对氨基苯酚。前苏联专利以硫化物（如 PtS_2/C）为催化剂。Kappe 公司则采用 MoS_3/C，优点是价格便宜，不易中毒，可多次循环使用。

（四）近年来的新工艺

1. 新型二步合成法

以对羟基苯乙酮为原料，经肟化和 Beckmann 重排反应制取对乙酰氨基酚，即对羟基苯乙酮肟重排法。对羟基苯乙酮在 pH 值为 $3\sim7$ 的缓冲溶液中 $101℃$ 下与羟胺盐酸盐进行肟化得对羟基乙酰苯酮肟，再在亚硫酰胺或三氯磷酰催化下于乙酸乙酯溶剂中进行重排得对乙酰氨基酚。为抑制副反应，重排反应中加入少量碘化钾。产品精制后总收率约为60%。

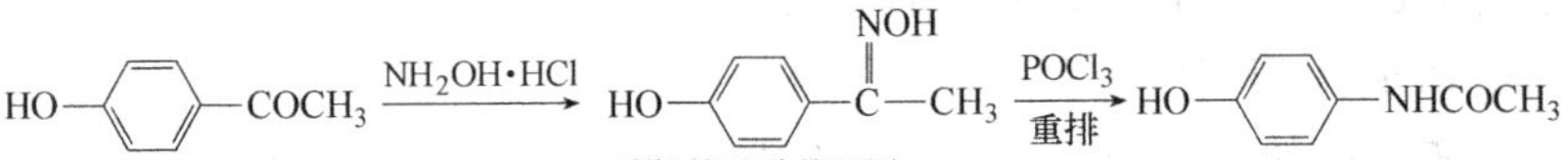

对羟基乙酰苯酮肟

该法是一环境友好的合成工艺，没有副产物产生，产品后处理简单，生产成本低，可以提高生产企业的技术水平，降低成本，减少污染。

2. 加氢催化一步合成法

以对硝基苯酚、乙酸为原料，在Pd-La/C催化剂作用下，加氢反应，一步得到对乙酰氨基酚，收率97%。或以对硝基苯酚和乙酸酐为原料，以5%Pd/C或5%Pt/C作催化剂，于85℃的温度下反应，收率可达82.3%。

3. 生化合成法

日本研究人员利用生物工程技术进行了对乙酰氨基酚的生产研究。通过在酿酒酵母中表达一个融合基因，可产生一个由鼠肝细胞色素P450和NADPH细胞色素P450还原酶基因构成的融合酶。此酶同时具有氧化和还原能力，可提供比单一细胞色素P450更为有效的电子转移系统。借助转基因酵母可使乙酰苯胺对位羟化，其产率为3.3nmol/mL。

此生化合成法对环境污染小，选择性高，是近年来医药合成中的最新方法，具有较高的潜在研究价值。

三、对氨基苯酚的生产工艺

这里主要介绍以苯酚为原料制备合成对氨基苯酚的生产工艺，工艺路线如下：

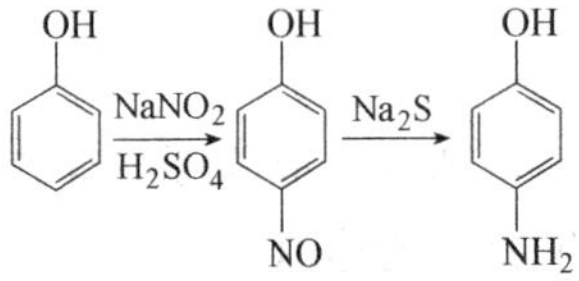

（一）对亚硝基苯酚的制备

1. 工艺原理

苯酚的亚硝化反应过程是亚硝酸钠先与硫酸在低温下作用生成亚硝酸和硫酸氢钠。生成的亚硝酸即在低温下与苯酚迅速反应生成对亚硝基苯酚。由于亚硝酸不稳定，故在生产上采用直接加亚硝酸钠和硫酸进行反应。

主反应：

$$NaNO_2 + H_2SO_4 \longrightarrow HNO_2 + NaHSO_4$$

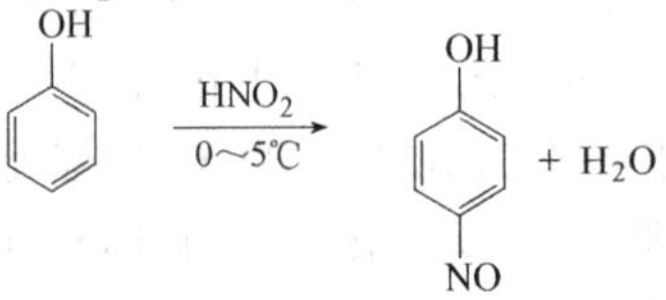

亚硝化反应的副反应是亚硝酸在水溶液中分解成一氧化氮和二氧化氮，后者为红色有强烈刺激性的气体。它们与空气中的氧气及水作用可产生硝酸。

$$2HNO_2 \longrightarrow H_2O + N_2O_3 \longrightarrow H_2O + NO + NO_2$$

$$H_2O + NO + NO_2 + O_2 \longrightarrow 2HNO_3$$

反应生成的硝酸又可氧化对亚硝基苯酚，生成苯醌或对硝基苯酚。

苯醌能与苯酚聚合生成有色聚合物，对亚硝基苯酚也可与苯酚缩合生成靛酚（在碱性溶液中呈蓝色）

2. 工艺过程

配料比：苯酚：亚硝酸钠：硫酸＝1∶1.3∶0.8（物质的量之比）

反应罐中加入规定量的冷水和亚硝酸钠（4∶1），剧烈搅拌下加入碎冰，然后倾入酚溶液（液态酚中加入水约占酚重的10%，使成均匀絮状微晶）。维持温度在－5～0℃下约在2h内滴加规定量的40%硫酸。酸加完后，反应液pH为1.5±0.3，呈红棕色，有大量红烟（NO₂）出现。此后再继续搅拌1.5～2.0h，反应液色泽变浅，反应毕。静置，经离心分离得浅黄色对亚硝基苯酚固体，于冰库中存放，供短期内使用。对亚硝基苯酚须避免暴露于空气及日光中，防止变黑和自燃。

3. 反应条件与影响因素

（1）温度的控制 苯酚的亚硝化反应是个放热反应，同时亚硝酸又不稳定，容易引起产物对亚硝基苯酚的氧化和聚合等副反应。因此，亚硝化时温度的控制（－5～0℃）是很重要的。生产上用冰-盐水冷却，也可用亚硝酸钠与冰形成低熔物（溶液温度可达－20℃）达到降温的目的，同时在反应时通过向反应罐投入碎冰、控制投料速度和强烈搅拌，避免反应液的局部过热。

（2）配料比 理论上，亚硝酸钠与苯酚的分子比应为1∶1，但由于亚硝酸钠易吸潮和氧化，反应过程中难免有少量分解。为使亚硝化反应完全，在生产工艺上应适当增加亚硝酸钠用量。

（3）原料苯酚的分散状况 工业用苯酚的熔点为40℃左右。因此，亚硝化反应是在固态（苯酚）与液态（亚硝酸水溶液）间进行，必须注意苯酚的分散状况。若苯酚凝结成较粗的晶粒，则亚硝化时仅在其表面生成一层对亚硝基苯酚，阻碍亚硝化反应的继续进行，这将影响对亚硝基苯酚的质量和收率。所以必须采用强力搅拌使苯酚分散成均匀的絮状微晶，同时投入碎冰块，进行亚硝化反应。

（4）对亚硝基苯酚制备工艺流程 见图1。

（二）对氨基苯酚的制备

1. 工艺原理

对亚硝基苯酚与硫化钠溶液共热，在碱性条件下还原生成对氨基苯酚钠，用稀硫酸中和，即析出对氨基苯酚。此反应系放热反应，温度只需控制在38～48℃之间就能进行。

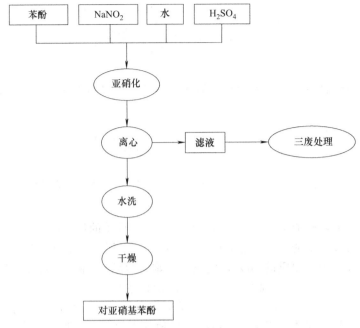

图 1 对亚硝基苯酚的制备工艺流程

若反应不完全，则有 4,4-二羟基氧化偶氮苯、4,4-二羟基偶氮苯和 4,4-二羟基氢化偶氮苯等中间产物生成。

2. 工艺过程

对亚硝基苯酚还原成对氨基苯酚的工艺过程分两步进行。

（1）粗品对氨基苯酚制备　还原配料比：对亚硝基苯酚：硫化钠＝1：1.2（物质的量之比）。

在 38～50℃搅拌下，将对亚硝基苯酚缓缓加入盛有 38％～45％硫化钠溶液的还原罐中，约 1h 加毕，继续搅拌 20min，检查终点合格，升温至 70℃保温反应 20min，冷至 40℃以下，用 1：1 硫酸中和至 pH＝8，析出结晶，抽滤，得粗品对氨基苯酚。

（2）精制对氨基苯酚制备　配料比：粗品对氨基苯酚：硫酸：NaOH：活性炭＝1：0.477：0.418：0.108（物质的量之比）。

将粗品对氨基苯酚加入水中，用硫酸调节 pH＝5～6，加热至 90℃，加入用水浸泡过的活性炭，继续加热至沸腾，保温 5～10min，静置 30min，加入少量重亚硫酸钠，压滤，滤液冷却至 25℃以下，用 NaOH 调节至 pH＝8，离心，用少量水洗涤，甩干得对氨基苯酚精品。收率为 80％。

3. 反应条件与影响因素

（1）配料比　生产中硫化钠的投料应比理论量高些。若硫化钠用量过少，反应有停留在中间还原状态的可能。实际生产中，对亚硝基苯酚与硫化钠的分子配料比为 1.00：（1.16～1.23）左右，若低于 1.00：1.05，则反应不完全，影响产品质量。

（2）反应温度 还原反应是放热反应，若反应温度超过55℃，不仅使生成的对氨基苯酚钠易被氧化，且对亚硝基苯酚有自燃的危险。一般控制在38～50℃为好。若低于30℃，则该还原反应不易完成。生产上采取缓慢加入对亚硝基苯酚、加强搅拌和冷却等措施来控制反应温度。

（3）中和时的pH、温度和加酸速度 制备粗对氨基苯酚时，需用硫酸中和析出，pH控制在8左右比较适宜。因pH为10时，对氨基苯酚已基本游离完全，pH为8时析出少量硫黄和对氨基苯酚，继续中和到pH为7.0～7.5时，则有大量硫化氢有毒气体产生。因此，调节pH，必须考虑加酸速度，注意避免硫黄析出或局部硫酸浓度过大，防止硫酸加入反应液时放出热量而使局部温度过高。

温度过高产生的另一个副反应是反应生成的硫代硫酸钠遇酸分解析出硫黄，其析出速度与温度有关，40℃左右析出较快。工艺上利用对氨基苯酚在沸水中溶解度较大（100℃时59.95mg/100mL，0℃时1.10mg/100mL）的性质与析出的硫黄和活性炭分离。析出的对氨基苯酚以颗粒状结晶为好。

4. 以苯酚为原料制备对氨基苯酚的工艺流程

见图2。

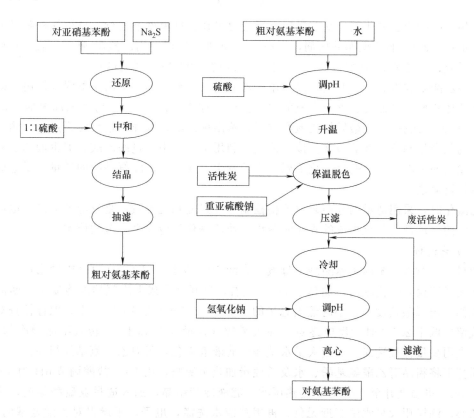

图2 以对硝基苯酚为原料的对氨基苯酚制备工艺流程

四、对乙酰氨基酚的生产工艺

1. 工艺原理

对氨基苯酚与乙酸或乙酸酐加热脱水，反应生成对乙酰氨基酚。这是一步可逆反应，通常采用蒸去水的方法，使反应趋于完全，以提高收率。

该反应在较高温度下（达148℃）进行，未乙酰化的对氨基苯酚有可能与空气中的氧作用，生成亚胺醌及其聚合物等，致使产品变成深褐色或黑色，故需加入少量抗氧剂（如亚硫酸氢钠等）。

此外，在较高温度下，对氨基苯酚也能缩合，生成深灰色的4,4-二羟基二苯胺。

如用乙酸酐为乙酰化剂，反应迅速，反应也可在较低温度下进行，且容易控制以上副反应的发生；用乙酸酐-乙酸作酰化剂，可在80℃下进行反应；用乙酸酐-吡啶，在100℃下可以进行反应；用乙酰氯-吡啶-甲苯为酰化剂，反应在60℃以下就能进行。

因为乙酸酐成本高，生产上一般采用稀乙酸（35%～40%）与乙酸酐混合使用，即先套用回收的稀乙酸，蒸馏脱去反应生成的水（生产上称为一次脱水），再加入冰醋酸回流去水（生产上称为二次脱水），最后加乙酸酐减压，蒸出稀乙酸。取样测定反应终点，即测定对氨基苯酚的剩余量和反应液的酸度。该工艺充分利用了生产中过量的乙酸，但也增加了氧化等副反应发生的可能性。为避免氧化等副反应的发生，保证对乙酰氨基酚的质量，反应前可先加入少量抗氧剂。

乙酰化时，采用适量的分馏装置严格控制蒸馏速度和脱水量，是反应的关键。也可利用三元共沸的原理把乙酰化生成的水及时蒸出，使乙酰化反应完全，节约成本。

2. 工艺过程

配料比：对氨基苯酚：冰醋酸：母液（含酸50%以上）=1：1：1（质量比）

将配料液投入酰化罐内，加热至110℃左右，打开反应罐上冷凝器的冷凝水，回流反应4h，控制蒸出稀酸速度为每小时蒸出总量的1/10，待内温升至135℃以上，取样检查对氨基苯酚残留量低于2.5%时为反应终点，加入稀酸（含量50%以上），转入结晶罐冷却结晶。离心，先用少量稀酸洗涤，再用大量水洗涤至滤液近无色，得对乙酰氨基酚粗品。

搅拌下将粗品对乙酰氨基酚、水及活性炭加热至沸腾，用1：1盐酸调节pH为5～5.5，保温5min。将温度升至95℃时，趁热压滤，滤液冷却结晶，加入适量亚硫酸氢钠，冷却结晶，离心，滤饼用大量水洗至近无色，再用蒸馏水洗涤，甩干，干燥得对乙酰氨基酚成品。滤液经浓缩、结晶、离心后再精制。

3. 反应条件与影响因素

（1）在有水存在时，乙酸酐可以选择性酰化氨基而不与酚羟基作用。酰化剂乙酸酐虽然比较贵，但是操作方便，产品质量好，若用乙酸反应时间长，操作麻烦，少量生产时很难控制氧化副反应，产品质量差。

（2）反应终点要取样测定，也就是测定对氨基苯酚的剩余量和反应液的酸度。只有保证对氨基苯酚的剩余量低于 2%，才能确保对乙酰氨基酚成品的质量和收率。

（3）对氨基苯酚的质量是影响扑热息痛质量和产量的关键，选购原材料一定要合格，白色或者淡黄色，纯度要求 99% 以上。

（4）在乙酰化时和精制时，为避免氧化等副反应的发生，反应前可先加入少量抗氧剂（亚硫酸氢钠）。

4. 对乙酰氨基酚收率的计算

$$总收率＝酰化收率×精制收率×干燥收率$$

$$＝\frac{成品量}{对氨基苯酚量×1.385×对氨基苯酚含量}×100\%$$

$$酰化收率＝\frac{粗品量}{对氨基苯酚量×1.385×对氨基苯酚含量}×100\%$$

$$精制收率＝\frac{精制品}{粗品}×100\%$$

$$干燥收率＝\frac{成品量}{精制品量}×100\%$$

5. 乙酰化工艺流程

见图 3。

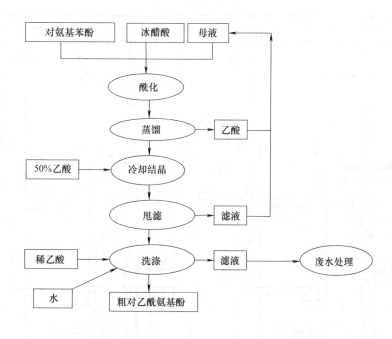

图 3　乙酰化工艺流程

6. 精制工艺流程

见图 4。

7. 对乙酰氨基酚生产工艺流程

见图 5。

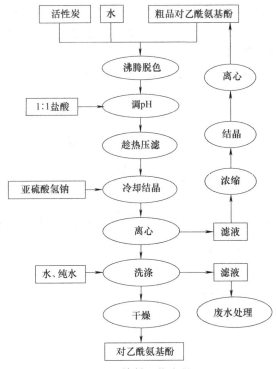

图4 精制工艺流程

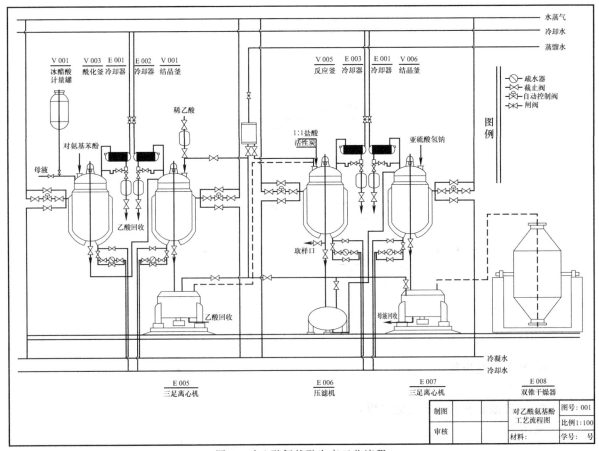

图5 对乙酰氨基酚生产工艺流程

河北化工医药职业技术学院

制药工艺设计任务书

（适用于生化制药技术专业××班）

指导教师：

本次设计题目是年产 1000 吨对乙酰氨基酚原料药工艺设计。通过本课题的设计，使学生掌握工艺方案选择、工艺流程设计、小试工艺条件优化、中试放大工艺条件优化、物料与能量衡算、设备设计与选型、车间布置设计、管路布置设计、设计说明书的编写、带控制点的工艺流程图的绘制等工艺革新能力所需知识与技能，并力求在设计中做到技术改革与创新。

通过本次制药工艺设计实训，力求使学生们掌握工艺设计的基本方法和步骤，掌握查阅资料和使用图表、手册等规范技术资料的方法，完成工艺技术人员的工艺革新与绘图的基本训练，为今后从事工艺改进与革新工作奠定基础。

一、设计题目

年产 1000 吨对乙酰氨基酚原料药工艺设计

二、设计依据

1. 生产能力：年产 1000 吨。

2. 生产天数：300 天/年，生产班制为每天两班，每班 12 小时。

3. 质量要求：符合《中华人民共和国药典》（2010 版）相关标准。

4. 反应罐、结晶罐装料系数：80%。

三、主要设计内容

1. 对乙酰氨基酚工艺路线的设计

2. 对乙酰氨基酚工艺路线的小试优化与中试放大

3. 对乙酰氨基酚工艺流程的设计

4. 主要原料及产品的性质、规格、用途

5. 物料衡算与能量衡算

6. 主要设备工艺设计与选型

7. 回收套用与"三废"处理方法

8. 绘制带工艺控制点的工艺流程图

9. 绘制车间平面布置图

10. 撰写制药工艺设计说明书

四、提交设计文件

1. 制药工艺设计说明书一份

2. 带工艺控制点的工艺流程图一份

3. 车间平面布置图一份

五、参考文献

1. 制药工艺设计基础　厉明蓉主编　化学工业出版社

2. 毕业设计指导书　　李丽娟主编　校本

3. 制药工程学　　　　王志祥主编　化学工业出版社

4. 制药工艺学　　　　元英进主编　化学工业出版社

河北化工医药职业技术学院

制药工艺设计说明书

题　　目：　＿＿＿＿＿＿＿＿＿＿＿＿

课　　程：　＿＿＿＿＿＿＿＿＿＿＿＿

系（部）：　＿＿＿＿＿＿＿＿＿＿＿＿

专　　业：　＿＿＿＿＿＿＿＿＿＿＿＿

班　　级：　＿＿＿＿＿＿＿＿＿＿＿＿

学生姓名：　＿＿＿＿＿＿＿＿＿＿＿＿

学　　号：　＿＿＿＿＿＿＿＿＿＿＿＿

指导教师：　＿＿＿＿＿＿＿＿＿＿＿＿

完成日期：　＿＿＿＿＿＿＿＿＿＿＿＿

一、设计任务

二、产品介绍与前景展望

三、对乙酰氨基酚工艺路线的设计

四、小试优化与中试放大确定工艺路线

五、主要原料及产品的性质、规格、用途

六、物料衡算与能量衡算

七、主要设备工艺设计与选型

八、回收套用与"三废"处理方法

九、带工艺控制点的工艺流程图

十、车间平面布置图

十一、参考文献

参 考 文 献

[1] 厉明蓉主编. 制药工艺设计基础. 北京：化学工业出版社，2010.

[2] 陆敏主编. 化学制药工艺与反应器. 北京：化学工业出版社，2005.

[3] 王志祥编. 制药工程学. 北京：化学工业出版社，2008.

[4] 张珩. 制药工程工艺设计. 北京：化学工业出版社，2010.

[5] 计志忠主编. 化学制药工艺学. 北京：中国医药科技出版社，1997.

[6] 陈建茹主编. 化学制药工艺学. 北京：中国医药科技出版社，1995

[7] 赵临襄主编. 化学制药工艺学. 北京：中国医药科技出版社，2003.

[8] 王效山，王健主编. 制药工艺学. 北京：北京科技技术出版社，2003.

[9] 陶杰主编. 化学制药技术. 北京：化学工业出版社，2005.

[10] 宋航主编. 制药工程技术概论. 北京：化学工业出版社，2006.

[11] 李旭琴主编. 药物合成路线设计. 北京：化学工业出版社，2009.

[12] 元英进主编. 制药工艺学. 北京：化学工业出版社，2007.

[13] 李丽娟主编. 药物合成反应技术. 北京：化学工业出版社，2010.

[14] 陈易彬编. 新药开发概论. 北京：高等教育出版社，2006.

[15] 方开泰，马长兴著. 正交与均匀试验设计. 北京：科学出版社，2001.

[16] 曾云龙. 均匀设计在制药工艺考察中的应用. 数理医药学杂，1999，12（1）：73-74.

[17] 钱清华，张萍主编. 药物合成技术. 北京：化学工业出版社，2008.

[18] 蒋作良，殷斌烈，缪志康. 药厂反应设备及车间工艺设计. 北京：中国医药科技出版社，2008.

[19] 杨志才. 化工生产中的间歇过程、原理、工艺及设备. 北京：化学工业出版社，2001.

[20] 娄爱娟，吴志泉，吴叙美. 化工设计. 上海：华东理工大学出版社，2002.

[21] 陈声宗等. 化工设计. 北京：化学工业出版社，2011.

[22] 黄璐，王宝国. 化工设计. 北京：化学工业出版社，2001.

[23] 中国石化集团上海工程有限公司. 化工工艺设计手册（上）. 第3版. 北京：化学工业出版社，2009.

[24] 唐燕辉主编. 药物制剂生产专用设备及车间工艺设计. 北京：化学工业出版社，2006.

[25] 化学工业部化工工艺配管设计技术中心站编. 化工管路手册. 北京：化学工业出版社，2008.

[26] 李欣，杨旭，王祥智等. 薄层色谱监测邻二氯苄水解反应. 重庆师范学院学报，2002，19（2）：93-94.

[27] 赵海，王纪康. 对乙酰氨基苯酚的合成进展. 化工技术与开发，2004，33（1）：17-21.

[28] 陈光勇，陈旭冰，刘光明. 对乙酰氨基酚的合成进展. 西南国防医药，2007，17（1）：114-117.

[29] 方岩熊，牛凯等. 对乙酰氨基酚的合成与生产. 精细化工，1997，14（5）：49-51.

[30] 吕布，汪永忠. 扑热息痛合成的新工艺. 化学世界，2000，（5）：252-253.